U0263625

远程宽体客机科学与技术丛书

远程宽体客机研制风险管理决策方法与实践

邱菀华　贺庆仁　赵　萌　著

科学出版社

北京

内 容 简 介

本书是解决国产远程宽体客机研制项目风险管理中诸多问题的研究成果。本书主要内容包括：远程宽体客机研制风险管理决策概述、风险管理决策发展历程、风险管理决策理论框架、风险管理方法与技术、风险管理规划、风险因素识别、风险评估与应对、风险集成管理、风险管理实践案例。

本书具有较强的系统性、先进性和实用性，可作为远程宽体客机研制管理和技术人员的指南，也可作为项目风险管理、系统工程、管理决策等相关专业科研院所工作者、大专院校师生开展现代项目风险管理决策教学与科研的参考书。

图书在版编目（CIP）数据

远程宽体客机研制风险管理决策方法与实践／邱菀华，贺庆仁，赵萌著. -- 北京：科学出版社，2024.11. -- （远程宽体客机科学与技术丛书）. -- ISBN 978-7-03-079659-2

Ⅰ. V271.1

中国国家版本馆 CIP 数据核字第 2024K8X917 号

责任编辑：胡文治／责任校对：谭宏宇
责任印制：黄晓鸣／封面设计：殷　靓

科 学 出 版 社 出版

北京东黄城根北街 16 号
邮政编码：100717
http://www.sciencep.com

南京展望文化发展有限公司排版
苏州市越洋印刷有限公司印刷
科学出版社发行　各地新华书店经销

*

2024 年 11 月第 一 版　开本：B5（720×1000）
2024 年 11 月第一次印刷　印张：9 3/4
字数：191 000

定价：100.00 元
（如有印装质量问题，我社负责调换）

远程宽体客机科学与技术丛书

顾 问

编写委员会

主 编

编 委

丛书序

    大型飞机是国家中长期科学和技术发展规划纲要确定的重大科技专项,是建设创新型国家、提高我国自主创新能力和增强国家核心竞争力的重大战略举措。发展大型客机项目是党中央、国务院把握世界科技发展趋势,着眼我国现代化建设全局作出的一项重大战略决策,也是国家意志和民族梦想的集中体现。国产客机按照"支线-窄体-远程宽体"三步走战略实施发展。

    远程宽体客机的研制是高度复杂的系统工程,涉及数学、力学、材料、机械、电子、自动控制等诸多学科与技术门类的综合集成,并向着全球分布式、协同设计与制造的方向不断发展。为了满足国产远程宽体客机对飞机的安全性、经济性、环保性和舒适性等方面提出的严苛技术指标,同时应对新的国际国内形势下设计理论和制造技术等方面的严峻挑战,迫切需要总结国内外已有的经验和成果,编著一套以"远程宽体客机"为主题的丛书,从而推动远程宽体客机研制中的科学与技术发展,具有极为重要的工程价值和深远的历史意义。

    2017年,科学出版社就开始酝酿"远程宽体客机科学与技术丛书"。我作为远程宽体客机的总设计师,欣然接受了科学出版社的邀请担任该丛书的主编。出版社邀请了国内部分知名院士担任丛书专家委员会顾问,同时组织国内优势高校和主要科研院所的知名专家,在基础研究的学术成果和工程研究实践的基础上,共同编写这套"远程宽体客机科学与技术丛书",确保丛书具有系统性、专业性、实用性和前瞻性。

    本套丛书主要涵盖了飞机总体设计、空气动力学、材料与结构、机载系统、飞机制造、适航与管理、系统工程管理和地面与飞行试验等主要远程宽体客机研制专业方向和关键技术领域,在聚焦远程宽体客机研制一线的理念思路与工程经验的同时,着重关注领域内专家最新的理论方法和技术成果。本套丛书蕴含了我国近十几年来远程宽体客机研制技术发展的科技成果,既可供航空专业人员学习和参考,也可作为飞机工程研制的案头工具书。期望本套丛书能有益于国产大飞机的成功研制、有益于航空领域高层次人才的培养、有益于我国航空事业的高质量发展。

是为序!

2022 年 12 月

前　言

2017 年 5 月 5 日 14 时,国产首架大型客机 C919 在上海浦东国际机场 4 号跑道首飞成功,实现了我国由支线到大型窄体客机研制国产化之夙愿;2023 年 5 月 28 日,中国东方航空公司首航 C919 从上海虹桥机场至北京首都机场取得商业载客圆满成功,标志着国产大客机正式进入市场运营和国际竞争、世界民航业由旧"AB"转换到新"ABC"格局的形成,具有极为深远的历史意义。

众所周知,远程宽体客机对安全及风险管理的要求高于任何航空器、航天器的研制要求。首先,远程宽体客机属高技术复杂产品,技术跨度大导致风险源多且性质复杂。其次,由于国内民用飞机研制基础薄弱,而主制造商-供应商管理模式又带来了更多风险源,各风险因素高度交叉、互相影响,所以安全与风险管理的难度前所未有。因此,即便是空客、波音等拥有成熟机型研制经验的企业,也往往由于低估潜在风险导致研发项目拖进度、涨费用、降指标。除了上述常规的风险外,国情、体制机制的不同决定了我国远程宽体客机研制项目不能照搬空客、波音等国外经验,必须形成具有中国特色的管理与风险决策理论方法并加大力度进行风险管理决策实践,弥补现有航空工业项目风险管理决策理论与方法的不足,为后续研制成功提供有益借鉴。

作者团队攻克了美国对外严密封锁的关键技术,创建了适合国情的跨国研制、与全球配置接轨的系统工程风险管理决策理论、体系和方法。此项理论和实践的探索与创新系列成果,一方面提升了项目的决策水平及控制力度,对防范、预警和降低研制风险、提高成功率发挥了重要作用;另一方面,作者团队在熵决策理论、风险决策、群决策等领域取得的原创性成果为系统工程管理等学科知识、技能和体系增添了新鲜血液,引领了一批领域前沿研究,建立了产学研用全球科技平台以适应新时期的发展与需求。

本书尽可能吸收国内外风险管理方法及远程宽体客机研制决策的最新成果，是国内第一部从风险管理的角度系统介绍远程宽体客机研制风险管理决策方法的专著。本书建立了远程宽体客机研制风险管理的基本理论和框架，为风险决策在远程宽体客机研制管理中的应用开辟了一条新路。

现代社会存在的越来越多、越来越密集的不确定性和竞争性，决定了现代项目风险管理决策方法对于经营管理的重大意义和巨大价值。本书旨在告诉读者如何建立规范的风险管理决策过程以获得自身某种竞争优势，它会是项目经理、产业/企业领导和科技工程技术人员、对未来感兴趣的学者、师生们的案头常备读物，也可作为大专院校相关专业项目管理的培训教材或参考书。另外，为遵从保密原则，书中所有数据等内容都经过脱敏处理。

特别感谢科学出版社的大力支持，在此谨向他们致以最崇高的敬意和衷心的感谢！同时，作者热切并时刻恭候着每位读者的不吝指教（E-mail：01661@ buaa. edu.cn），并敬祝各位阖家幸福、读书愉快，谢谢大家。

邱菀华　贺庆仁　赵　萌

2023 年 7 月

目　录

第10章　远程宽体客机研制风险管理实践案例　113

第1章

远程宽体客机研制风险管理决策概述

1.1 远程宽体客机研制风险管理决策概念

　　航空业界所说的远程宽体客机,一般是指达到 200 座以上的民用客机。我国大型客机项目即大型飞机专项,是党中央、国务院建设创新型国家,提高我国自主创新能力和增强国家核心竞争力的重大战略决策,是《国家中长期科学与技术发展规划纲要(2006—2020)》确定的 16 个重大专项之一。远程宽体客机实现国产化是几代中国航空人的夙愿。

　　2003 年 6 月,国家正式启动"国家中长期科技发展规划纲要"的编制工作。2003 年 11 月成立了由国务院批准的国家重大专项论证组。大型飞机专项是第一个也是论证最为艰苦的一个重大专项。2003 年 11 月,第一次大型飞机专项由科技部组织论证,这一论证拉开了中国重启大型飞机研制的序幕。

　　2006 年,大型飞机专项加速了进程。1 月,大型飞机专项名列全国科技大会制定的《国家中长期科学和技术发展规划纲要(2006—2020 年)》十六个重大专项之一。2006 年 2 月,《国家中长期科学和技术发展规划纲要(2006—2020 年)》由国务院正式出台,大型飞机专项不但位列"未来 15 年力争取得突破的 16 个重大科技专项"之一,而且成为仅有的两个由国务院直接抓的专项之一。2006 年 3 月,时任国家总理温家宝亲自宣布国家要上马大型飞机专项。2006 年 7 月,国务院决定成立大型飞机重大专项领导小组。2006 年 9 月,国务院决定成立大型飞机重大专项专家论证委员会。

　　2007 年,大型飞机专项正式立项。2007 年 2 月,温家宝主持召开国务院常务会议,批准大型飞机研制重大科技专项正式立项。2007 年 8 月,胡锦涛主持中央政治局常委会,听取并同意国务院大型飞机重大专项领导小组关于大型飞机重大专项有关情况的汇报,大型商用飞机项目筹备组决定成立。

　　2008 年,大型飞机专项进入实质性启动阶段。2008 年 2 月,国务院常务会议

1

审议并原则通过了《中国商用飞机有限责任公司组建方案》。2008年3月,国务院正式批准组建"中国商用飞机有限责任公司"(后简称"中国商飞公司")。2008年5月,中国商飞公司正式成立并揭牌于上海。

中国大型客机将以单通道150座级为切入点,研制完成时间力争8年左右。C919大型商用飞机研制共分为四个阶段,依次为:立项论证和可行性论证、预发展(总体方案定义、初步设计)、工程发展(详细设计、全面试制、试飞取证)、批生产与产业化。

2008年,中国商飞公司大型商用飞机项目论证工作正式启动,本着举全国之力、聚全国之智的目的,力邀国内外47家单位468位专家组成了联合工程队,成立了由20位院士、专家组成的专家咨询组,形成了初步总体技术方案,完成了技术经济可行性研究报告。2009年全面进入预发展阶段,并于2011年完成。2011年12月,C919大型商用飞机项目初步设计评审会议召开并通过初步设计评审,标志着进入详细设计阶段。在详细设计阶段,C919大型商用飞机项目将开展详细设计,发放全部生产用数据,开始全面试制,争取2014年实现首飞、2016年取得适航证并交付用户。C919于2017年5月5日成功首飞。2022年5月14日,中国商飞公司交付首家用户的首架C919大飞机首次飞行试验圆满完成。2022年7月25日,6架国产大型客机C919试飞机圆满完成全部试飞任务。2022年8月1日,中国商飞公司宣布,国产大飞机C919完成取证试飞。2022年9月7日,国产大飞机C919首次试飞合肥新桥机场。2022年9月13日,C919国产大飞机首次飞抵北京首都国际机场。2022年9月29日,C919飞机获颁型号合格证。2022年10月,国家市场监管总局正式批准依托中国商用飞机有限责任公司成立国家商用飞机产业计量测试中心。2022年12月9日,编号为B-919A的C919全球首架机正式交付中国东方航空。2022年12月26日,全球首架C919国产大飞机开启100 h验证飞行之旅。2023年1月1日,中国东方航空全球首架C919大型客机测试飞行。2023年2月,C919圆满完成100 h验证飞行。

C929大型远程宽体客机是继C919研制成功后,我国首款按照国际通行适航标准自行研制、具有自主知识产权的喷气式远程宽体客机。C929基本型座级280座,航程12 000 km,可以广泛满足国际和区域间航空客运市场需求。

风险(risk)泛指危险。然而风险有着多种不相同的定义,有将风险定义为"对活动或者目标产生不利影响的事件";也有定义是"事件发生的概率及其引起的后果"。管理学中对风险描述的是,未来影响组织目标实现的不确定事件的发生。对于这类不确定事件,应极力避免其发生,或者针对其发生提前做出相应的准备,也就是风险管理。

不同的学者专家对风险研究的角度不同,风险也就有了不同的解释,具有代表性的观点有以下几种。

（1）风险是事件未来可能结果发生的不确定性。

由于个体认知能力的局限性和未来发展的不明确性，个体预期的结果与未来实际结果存在一定程度的变动。风险被称为不确定性，或事物可能结果的不确定性。

（2）风险是损失发生的不确定性。

针对损失发生的不确定性主要分为两种观点，一是认为损失是无法衡量的，因为风险的发生时间、状况和结果是无法计算的，它是未来发生的事件。另一观点认为风险的发生是可以衡量的。因为风险的发生是有客观基础的，通过客观基础是可以用数理进行计算其发生损失的概率的，因此损失是可以衡量的。

（3）风险是指可能发生损失的损害程度的大小。

损害程度是指因风险所引起的实际损失与风险发生前的预期损失之间的差距。当实际损害程度高于预期的损害程度时，项目有可能面临危机。

（4）风险是指损失的大小和发生的可能性。

此种观点将风险定义为在一定条件下和一定时期内，由于各种结果发生的不确定性而导致行为主体遭受损失的大小以及这种损失发生可能性的大小。

项目风险管理（project risk management）是指从识别、分析至采取措施的一系列过程，最大化潜在机会以及最小化威胁两方面（邓望松，2019）。美国项目管理协会（Project Management Institute，PMI）出版发行《项目管理知识体系指南（第5版）》指出，项目风险管理的内容包括规划风险管理、风险识别、风险分析、规划风险应对和风险控制五个过程。在风险管理过程中，各项风险管理活动过程是动态的，并且各个过程间是相互交叉和重叠展开进行的。

项目风险管理决策就是在项目风险管理中遇到各种各样的问题，通过各种管理决策理论与技术，选优劣汰，做出最佳决策，确保项目顺利进行，实现项目目标，使干系人满意。

我国远程宽体客机研制具有超复杂（项目群）结构，且投资大、周期长、市场变化因素多。除了常规的飞机机型项目存在的质量、进度、成本和技术风险外，远程宽体客机研制项目在传统的军工运营、管理机制下，我国远程宽体客机研制项目的特殊性导致其研发过程中面临许多不确定性因素，普遍存在达不到预期的技术性能要求、投资大大超过预算、项目周期拖延以及管理决策失误等风险问题。远程宽体客机研制项目风险管理属于在国际性联盟、跨行业、多项目、高工程大转包环境下，既独立又关联的综合性超复杂系统工程。远程宽体客机对安全及风险管理的要求特别高，高于任何航空器、航天器的研制要求。在远程宽体客机项目研制的整个过程中，如果不对其中的不确定性加以有效的管理，一旦某一环节出现问题，就有可能出现轻则降低远程宽体客机的性能，延长研制和生产周期，增加整个项目的投资，重则引起机毁人亡，造成巨大的经济损失，所以开展远程宽体客机项目风险管理具有重大意义。

1.2 远程宽体客机研制风险管理决策目标

风险管理决策目标是指项目风险管理所要达到的客观效果,即运用风险处理的各种方法,做到损失发生前预防,损失发生后进行有效控制(何文炯,1999)。远程宽体客机项目的风险来源、风险的形成过程、风险潜在的破坏机制、风险的影响范围以及风险的破坏力错综复杂,单一的管理技术或单一的工程、技术、财务、组织、教育和程序措施都有一定的局限性,必须综合运用多种方法、手段和措施,坚持不懈地跟踪整个项目生命周期的进展情况,逐步形成项目风险管理的闭环系统,对远程宽体客机项目各个阶段、各个环节进行风险预测、风险识别、风险分析、风险评估及风险处理,确保远程宽体客机项目的风险降到最低。

远程宽体客机研制风险管理决策目标主要可以分为损前目标和损后目标。

1. 损前目标

损前目标是风险事故发生之前,风险管理应达到的目标。

1)经济风险目标

经济目标风险管理必须经济合理。经济合理就是尽量减少不必要的费用支出和损失,尽可能使风险管理计划成本降低。但是费用的减少会影响安全保障的程度,因此如何使费用和保障程度达到平衡就成了实现该目标的关键。

2)安全系数目标

安全系数目标,就是将风险控制在可承受的范围内。远程宽体客机属高技术复杂产品,光零部件就有约 400 万个,涉及电子、冶金、机械、信息、化工、材料等多个产业,其特殊性增加了研发过程中安全系数的许多不确定性,导致目前普遍存在达不到预期的技术性能要求的情况,一旦某一环节出现问题,就有可能出现轻则降低远程宽体客机的性能,延长研制和生产周期,更有甚者引起机毁人亡。因此对安全系数的把控是远程宽体客机研制项目一个极其重要的目标。

3)合法性目标

远程宽体客机研制项目并不是独立于社会之外的个体,它受到各种各样法律法规的制约。我国远程宽体客机研制项目的绝大部分航空企业由于长期运作在军工体制下,事关国防、外交、财政、税收、经贸和民航运输等各个部门以及有关飞机的工业布局、管理体制、基础科研、技术改造以及人才政策等一系列问题,风险管理者必须密切关注相关的法律法规,要根据我国国情,审时度势,保证项目研制过程活动的合法性。

2. 损后目标

最完美的风险管理计划也不能完全消除风险。在确定损失发生后,挽回损失有其必要性。

1）持续性目标

持续性目标是指不因为损失时间的发生而使项目的研制过程中断。项目在损失事件发生后,应做出科学的计划:① 分析整个研发流程中不可以中断的关键环节;② 分析具有破坏性的关键事件;③ 制定应对之策。

2）发展的目标

远程宽体客机在研制过程中,由于技术发展迭代速度较快,研制过程中使用的技术可能在短时间内被新技术取代,然而新技术的完善性与未来的可发展性并不确定。

3）社会责任目标

在损失发生后,风险管理负责人及时有效地处理风险事故带来的损失,减少损失所产生的不利影响,可以减轻国家经济的影响,保护相关人员和组织的利益,因而有利于承担社会责任,树立良好的社会形象。

1.3　远程宽体客机研制风险管理决策准则

依据远程宽体客机研制项目全生命周期,对项目风险进行全过程的动态管理,包括风险辨别、评估及跟踪等。具体采取项目风险管理决策的几点基本准则如下。

1. 风险因素识别全面性原则

在项目启动前,前期的策划、准备阶段就需要对项目过程中可能遇到的风险进行提前分析,做到风险分析先行,尽可能全面地找到项目中的风险因素。这需要根据以往历史经验,并采用专家意见,进行类推法等各种方法,提出项目中可能的风险所在。

2. 风险因素的分级管理原则

在项目的实施过程中,由于产生原因、发展变化、环境条件的不同,导致不同类型的风险的存在。这需要对各种存在的风险因素进行等级划分,即进行项目风险的分级管理。在风险等级评定中,可以根据以往经验基础、专家会议评估等有效方法进行,以尽可能保证风险因素等级划分的合理性(许谨良,2003)。

3. 风险管理的动态性原则

项目运行周期一般分为各个阶段,每个阶段由于运行环境、条件、目的的不同,造成项目风险在各阶段是不同的。因此,在项目风险管理中,需要按照项目运行周期,对项目各个阶段进行风险动态评估和分析,并及时反馈信息,做到风险等级能依据实际情况进行动态的调整。对于已经识别并评定等级的风险因素,如果其影响较大,则需要在风险管理体系中及时提高这些因素的风险等级(许谨良,2003)。

4. 项目定期风险评估原则

项目运行周期一般较长,因此需要根据项目总周期进度要求和各个阶段项目管理特点,需要制定合适的风险控制周期以与项目运行阶段特点相符合,同时进行各阶段风险分析,防止造成对非重大风险事件的过度识别,以免影响项目进度要求和最终目标的实现(许谨良,2003)。

5. 突发风险事件实时应对原则

航空工程项目一般具有相当的技术复杂性,在管理上体现出系统多层多级管理、分系统、子系统逐级管理的特点。项目前期规划设计阶段难以完全识别或者评定出项目风险因素及其等级,需要在项目运行过程中,实时关注,对尚未识别或者评级不准确的风险因素或事件应进行及时有效的分析,同时应实时纳入风险评估程序中,对其影响程度以及对项目整体风险趋势的变化建立及时有效的措施。

6. 充分借鉴经验、依托专家原则

随着我国航天类大型项目的发展及项目管理研究的深入,航空项目管理实践也取得了丰富的成果,积累了相当的经验,这些宝贵成果都对项目风险管理中对风险因素的正确判断和采取有效控制措施具有重要的价值(张志国,2016)。

1.4 远程宽体客机研制风险管理决策体系

风险管理体系是指以一系列政策、流程和程序,控制、监控、评估和抑制组织内部和外部的风险。风险管理体系包括风险识别、风险估计、风险驾驭、风险监控等一系列活动。风险管理是一个系统化的过程,旨在将不确定性转化为可控,并有效地应对可能出现的风险。它既强调风险的预防,也强调风险的控制。风险管理体系还可以帮助项目建立有效的决策系统,以便提高该项目对管理风险的能力。

建立一个完整的风险管理体系是一个复杂的过程,需要从组织的风险政策、风险识别到风险应对控制等多个方面来实现。

(1)分析所面临的风险类型,确定各种风险对项目的影响,并制定避免、转移和控制风险的策略。

(2)建立有效的监控工具,包括定期评估和跟踪风险水平,以及定期识别、评估和跟踪风险。

(3)建立反馈机制,把发现的风险及时反馈给头部,制定灵活的应对措施,避免潜在的风险扩散和波及。

除了构建一套完整的风险管理体系外,还应该制定一些实际措施,进一步提高风险管理水平。首先,应建立风险意识,将风险管理贯穿于整个组织文化中,营造一种风险管理意识。其次,建立一个专业的风险管理团队,定期分析当前的风险水平,为长期发展制定最佳的风险管理策略。最后,为了保持风险变化趋势,应定期评估风险管理体系的效果,并不断完善和提升风险管理水平。

第2章

远程宽体客机研制风险管理决策发展历程

项目风险管理起源于 20 世纪 30 年代的美国,受到当时全球经济危机的影响,美国约有 40%的企业和银行都破产了。为了度过危机,许多美国企业都在企业内部设立了保险管理部门,负责安排企业的各种保险项目,这种主要依赖企业的保险手段风险管理形成了风险管理的雏形。

随着对风险管理认识的深入和手段的多样化,1938 年以后,美国的企业渐渐积累了较多的经验。到 20 世纪 50 年代时,风险管理在美国已经逐渐发展成为一门独立的学科,风险管理一词固定下来。随着 20 世纪 70 年代的全球化浪潮,各国企业面临复杂多样的风险,逐渐掀起了全球范围的风险管理运动,法国从美国引进了项目风险管理的理念,日本也开始了项目风险管理研究。

近 70 年来,西方多个国家先后立起全国性或地区性的风险管理协会并开展了大量的工作。其中,几个标志性事件推动了风险管理的发展。1983 年世界风险和保险管理协会的年会在美国纽约召开,通过了"101 条风险管理准则"。1986 年,欧洲 11 国成立了欧洲风险研究会,将风险研究由单个国家扩大到国际范围。1986 年 10 月在新加坡召开了风险管理国际学术讨论会,这表明风险管理已由大西洋向太平洋地区发展,说明风险管理运动将成为全球范围的国际性运动。

风险管理的研究,作为现代科学综合的巨型工程,正向着更广阔的领域发展。而远程宽体客机研制风险管理,是风险管理的一个新的研究领域。它如晨曦般光芒四射,为迎接现代科技与经济挑战、提升企业和项目的生存竞争水平而形成了一个强有力的研究方向。

2.1 国外远程宽体客机研制风险管理决策历程

风险管理作为一门系统性科学开始运用于航空航天项目中可以追溯到 20 世纪 60 年代初。当时在"阿波罗计划"中,管理人员采用失效模式及影响分析(failure mode and effects analysis,FMEA)和关键项目列表(critical items list,CL)等定性分析方法对阿波罗飞船进行风险管理,取得了巨大成功。

20 世纪 80 年代,美国国家航空航天局(National Aeronautics and Space Administration, NASA)采用概率风险评估方法对航天飞机从起飞到着陆中所有的主要过程均进行了全面和深入的风险分析,并用来进行结构的重新设计、空间设计、评价延迟发射的风险等(颜兆林等,2000)。

20 世纪 80 年代,美国空军提出了一种概率断裂力学方法计算飞机结构件的失效风险,该方法通过输入初始缺陷大小或特定时刻缺陷大小所服从的概率分布、断裂初性正态分布参数等,经计算后可获得飞机瞬时风险与飞行时间的关系曲线、飞机结构裂纹尺寸累积概率分布曲线以及每次检查间隔中缺陷尺寸的分布等,为风险评价与改正措施的制定等提供参考。美国联邦航空管理局(Federal Aviation Administration, FAA)与飞机制造商、飞机运营商联合提出了一种针对宽体飞机结构的风险评估方法,即 SAIFE(structure area inspection frequency evaluation)方法,该方法主要为了提高运营飞机的结构完整性和检查有效性,SAIFE 考虑了飞机设计、飞机全尺寸疲劳测试、制造和腐蚀缺陷、裂纹或腐蚀检查概率等,采用蒙特卡罗方法将上述因素考虑进去,获得一种安全和经济的飞机运营方案(U.S. Department of Transportation et al., 2009)。

20 世纪 80 年代后期,欧洲航天局制定了风险评估标准,该标准确定了实施风险评估的目标:① 估计危害的累计概率;② 在设计过程支持对各种设计方案的权衡;③ 通过渐进风险评估促进设计改造;④ 对风险分布划分等级;⑤ 进行风险敏感性分析;⑥ 运行决策过程;⑦ 监察危险控制和降低风险措施的有效性;⑧ 识别主要风险分布;⑨ 确定和评价剩余风险(柳青,2009)。

20 世纪 80 年代以后,航天飞机研制风险管理决策研究日趋成熟。以客机研制为代表的新兴技术项目大多具有风险项目的特征,而风险项目投资评估方面比较经典的一些研究成果包括:Tyebjee 等(Tyebjee et al., 1984)就美国的风险投资项目的评估方法进行研究,从项目产品的独特性、市场吸引力、管理能力、变现能力以及环境适应能力五方面构建了风险项目的基本评估指标体系。MacMillam 等(MacMillam et al., 1985)通过问卷或访谈方式就一般风险项目设计的风险类别进行了研究,得到风险项目存在的六类常见风险。Fried 等(Fried et al., 1994)从多个维度得出了包含 15 个指标的风险项目评估指标体系。Manigart 等(Manigart et al., 2000)采用打分法对欧亚地区的风险项目评估指标进行了研究。

在航空风险管理领域,国际民航组织(International Civil Aviation Organization, ICAO)在 Doc 9859《安全管理手册》中提出采用风险矩阵方法评估风险,通过安全管理的方法将危险事件控制在可接受水平内,规定了安全风险管理要求。除了完善风险管理文件外,大量学者对航空事故风险评估也进行了较为深入的研究,例如 Labeau(Labeau, 2000)提出采用动态可靠性方法处理部件和过程变量间的关系。

Lee(Lee, 2006)结合模糊语言标度法、失效模式、影响和临界性分析原理以及尽可能低的可行方法,建立了航空安全风险因素定量评估模型,该模型通过评估所有相关因素的重要性、危险程度、可检测性、发生概率、临界性和发生频率,提高安全风险管理系统的有效性。Netjasov 等(Netjasov et al., 2008)重点讨论了四类风险评估模型:飞机和空中交通管制管理操作因素、碰撞风险、人为失误以及第三方风险。Chang 等(Chang et al., 2010)运用定量评估的方法研究了航空业飞机维修技术人员(aircraft technicians or maintenance staff, ATMS)的重大人为风险因素。Cokorilo 等(Cokorilo et al., 2014)利用 1985~2010 年间全球 1 500 多起飞机事故的数据库,采用聚类算法进行了飞机安全性分析。由于以往关于航空风险评估方法的粗糙性,Skorupski(Skorupski, 2016)提出了一种使用语言变量来表示事故发生概率和严重程度的模糊风险矩阵,风险评估由模糊推理系统进行,采用基于佩特里(Petri)网的模型对跑道入侵飞机碰撞概率进行评估。机场是航空活动中主要的基础设施之一,在航空交通中机场存在灾难性破坏的风险,在这方面,20 世纪 90 年代,《机场附近第三方风险和公共安全区政策》规定了机场周边第三方风险评估方法与相应的风险评估标准(Ale et al., 2000)。Rezaee 等(Rezaee et al., 2018)提出了一种机场风险优先级决策方法,该方法采用了模糊认知图(fuzzy cognitive maps, FCM)法和基于松弛的数据包络分析(slack-based data envelopment analysis, SBDEA)法,考虑了风险之间的因果关系,以及它们与切实反映机场性能的系统目标(测量因素)之间的关系。此外,Menchinelli 等(Menchinelli et al., 2018)提出一种基于失效模式、影响和临界性分析(failure mode, effects and criticality analysis, FMECA)的可靠性工程方法,以管理立方体卫星的可靠性数据,并在研制阶段早期对关键问题进行优先排序。Senol(Senol, 2020)提出了一种多准则决策(multi-criteria decision making, MCDM)方法来评估飞机适航因素,通过层次分析法和网络分析法,将民用航空飞机和军用航空飞机的适航因素分为技术适航因素和操作适航因素进行评价。风险评估方法在航空领域得到广泛应用,但尚未应用于飞机发动机部件的目视检验。对此,Aust 等(Aust et al., 2021)针对航空发动机叶片目视检验任务,提出了一种新的风险评估方法。

随着供应链在全球扩张以及企业在经营过程中追求速度和效率,供应链传播中断发生的可能性越来越大。因此,为进一步降低产品研制过程中的风险,不少学者从供应链管理角度展开了研究,例如 Wasti 等(Wasti et al., 1997)、Browning(Browning, 1998)和 Gulati 等(Gulati et al., 2007)在研究中表明由于产品的复杂性、协同发展以及供应商的参与和技术依赖性,给产品开发过程中的风险管理带来了困难。从风险分担的角度出发,Esposito 等(Esposito et al., 2009)指出联合开发模式在波音、空客等飞机制造商中很受欢迎,在该模式下买方承担原始设备制造商(original equipment manufacturer, OEM)的角色,原始设备制造商和供应商可以分享利益和风险。同样地,Tang 等(Tang et al., 2009)以波音 787 为例,就产品研发和供应链风险管理问题展开了研究,并为波音公司提供了风险缓解策略。此外,Denning(Denning, 2013)认为在产品研制过程中,公司倾向于将复杂的产品分解成各子系统,并将设计工作外包给外部供应商。对于风险管理计划的制定,Stolzer 等(Stolzer et al., 2016)对航空业安全管理系统(safety management system, SMS)计划,包括风险管理、可靠性工程、SMS 实施以及必须设计为主动安全的科学严谨性四个部分,进行了详细的说明。另外,随着空中导航设施从模拟地面系统转向数字空间系统,网络安全在航空领域的重要性也逐渐受到重视。因此,Elmarady 等(Elmarady et al., 2021)针对航空系统中的关键基础设施(如空地通信、无线电导航辅助设备、航空监视和全系统信息管理)提出了系统的定性和定量网络安全风险评估方法。

在国外,风险管理在航空领域的研究日趋成熟和完善。由于多种机型的研制与开发,他们已经在风险管理计划的制定、风险识别、风险评估和应对方面积累了丰富的经验。根据相关的工作指南和文件,能够有效地降低项目风险。对于航空业的整体性发展,包括航空管路制造的风险管理都起到了指导和借鉴的作用。

2.2 国内客机研制风险管理决策历程

国内对于风险管理的研究开展得较早,已有关于大型项目风险管理的研究较多,风险理论逐渐成熟。20 世纪 60 年代,我国在研制战略导弹武器系统时就开展了风险管理,管理人员采用计划评审技术(program evaluation and review technique, PERT)、规划计划预算系统(planning-programming-budgeting system, PPBS)、工作任务分解结构(work breakdown structure, WBS)等技术对项目进行风险管理,并建立了一套适合我国国情的组织和管理方法(丁迎周等,2008)。1999 年,我国在北京成立了中国民用航空局航空安全技术中心,在民航的安全风险监测方法、人为因素研究与应用等重大航空安全风险研究项目上取得了重要成就,为民航业安全发展提供了多方面的技术支持和借鉴。2005 年,安全风险管理体系的概念开始在我国受到重视。中国民航局成立了安全风险管理制度工作领导小组,开展安全风险管理制度研究和推广工作。2006 年,中国民航局干部管理学院成立了中国民航安全学院,致力于安全管理和安全生产人才的培养。中国民航局发布于 2008 年发布咨询通告,明确了公共航空承运人建立安全风险管理体系要求的指导方针、实施标准和行动指南,这即标志着我国民航安全风险管理体系建设由研究阶段向实施阶段转换。

近年来,许多学者对风险管理在我国航空航天领域中的应用展开了大量研究。周平等(周平等,2003)在航空项目风险管理中引入了模糊层次分析法,实现了航空项目中关键重要风险因素识别与排序,以及风险应对策略的选择。黄斌(黄斌,2009)运用多种项目风险管理技术,对 ARJ21 民机项目存在的风险进行了分析研究和归纳整理,并对项目风险中的关键风险因子做了进一步的深入分析,最后给出了相应的预防和应对措施。熊杰等(熊杰等,2010)将风险矩阵引入层次分析法中,对航天研制项目的风险水平进行了有效评估。李琳等(李琳等,2011)提出了一种基于事故树的飞机部件安全风险定量评估方法,该方法能够对飞机高危部件加以有效预防,并能较为准确地识别和定量评估影响飞行安全的飞机部件。针对以往航空项目开发之前缺少风险管理规划的问题,戚裔赟(戚裔赟,2015)以 C919 远程宽体客机航空管路制造项目为研究对象,运用定性分析与定量分析相结合的方法对项目进行了风险分析,并提出了大型客机航空管路项目风险管理的方法和步骤。与此类似,徐巍玮(徐巍玮,2015)以国内某航空公司为例,从风险识别和风险预防等方面对项目供应链管理存在的风险管理计划缺乏问题进行了分析与改进。张骏等(张骏等,2015)采用蒙特卡罗方法对北斗卫星导航系统组网发射方案进行了定量化的风险分析。刘飞(刘飞,2016)对 TMA 型公务机项目进行了风险实证研究,通过对项目潜在风险的有效识别、全面评估与分析,提出了有效应对影响项目的关键重要风险的控制措施与应对策略。邓杰等(邓杰等,2017)运用模糊综合评价法来识别复杂产品系统研制过程中存在的技术风险因素,得出了需要对材料、人员以及工艺方法三类高技术风险因素进行重点管理的结论。进一步地,为了识别远程宽体客机研制过程中存在的风险因素,王蔼华等(王蔼华等,2018)构建了基于远程宽体客机零部件风险评价的贝叶斯网络推理模型。程大林等(程大林等,2019)通过建立航天项目技术风险线索识别模型,对航天项目研制风险识别与分析进行了全面、准确的研究。邢宏涛(邢宏涛,2020)采用动态化策略,从风险识别与风险评估两方面出发,对飞机配套产品研制项目进行了风险管理研究。

远程宽体客机数百万零部件及系统设备的研制过程需要大量供应商的参与和支持。因此,供应商的选择与管理对远程宽体客机研制风险管理非常重要。在这方面,袁文峰(袁文峰,2013)从供应商管理制度框架设计、供应商标准合同制定、供应商开发与选择以及供应商风险发生概率分布等多个角度,对国内远程宽体客机项目供应商管理问题展开了研究。夏昭天(夏昭天,2014)基于图示评审技术(graphical evaluation and review technique, GERT)网络模型,研究了主制造商-供应商模式下,复杂产品单一研发风险传递和综合研发风险模型,得出了主制造商的研发风险大小,并给出了相应的风险控制对策。包丽(包丽,2015)根据中国航空业的现状,通过分析国产民用飞机在风险共担模式下的优势和劣势以及可能存在的负面因素,并结合波音和空客供应链战略中存在的问题,为国产民用飞机供应链策略提供了相应的建议。对于远程宽体客机生产供应商的评估与选择问题,马珍珍(马珍珍,2014)从流程的角度提出了基于解释结构模型的远程宽体客机供应商质量管理流程优化方法与供应商质量控制优化方法,并建立了供应商质量管理流程绩效评估指标体系与考虑语义灰度的二元绩效评估模型。通过分析已有供应商选择方法的适用范围和优缺点,陈桥(陈桥,2016)以远程宽体客机一级供应商为研究对象,针对远程宽体客机货源采购的特点和流程,提出了具有偏好的多目标规划远程宽体客机选型的供应商选择方法。

从运-10到ARJ21再到C919的设计生产,我国开始自主研制民机以来,国内在航空领域项目风险管理的研究逐渐增多,但由于国内目前远程宽体客机的机型不多,在远程宽体客机研制上经验还不够丰富,且远程宽体客机研制项目风险管理上还没有形成一套适合我国国情的完善体系,所以在这一方面的研究还有待增强,以减少远程宽体客机研制的项目风险。

第**3**章

远程宽体客机研制风险管理决策理论框架

3.1 远程宽体客机研制风险基本问题

大型客机研制 2007 年 2 月由国务院立项确定,是国家重大科技专项。中国商飞公司是我国研制远程宽体客机的项目主体,也是实现我国民机产业化的重要载体,承载着国人的蓝天愿景和我国民机产业多年的期盼。但是其成立的时间及规模较大型国有军工单位均有一定的差距,某些功能和模块尚在不断建设成熟之中。根据国内外相关资料,将远程宽体客机研制项目风险发生的主要问题划分为两种:内部问题和外部问题。

3.1.1 远程宽体客机研制项目风险管理的内部问题

导致远程宽体客机研制项目风险的内部问题主要集中在管理、制度、技术和组织上,概括来说主要包含以下几点。

1. 管理问题

1) 评审、论证不充分

远程宽体客机研制项目在研制过程中没有经过反复的论证和评审环节以及充分识别和分析风险,导致后期风险发生对远程宽体客机研制项目造成影响。在远程宽体客机研制项目成立之前没有进行充分的调研和评估、可行性论证、需求论证等,没有终端需求、价格、竞争关系等作为支撑信息;远程宽体客机研制项目研制过程中,需要进行的技术评审、风险评估、风险分析、方案评审、质量评审、工艺评审、阶段评审等没有完全按计划执行,由于远程宽体客机研制项目的综合性和复杂性,很多问题和风险难以充分识别。

2) 管理方法不科学

远程宽体客机在研制项目的管理上还存在"掉队"现象,在管理上还比较落后,管理制度和模式上还停留在先前的"放鸭子式"层面上。远程宽体客机研制项目风险管理的主体责任不明确,项目成员也各自为战,出现问题后相互推诿,无法采取有效的补救措施,在后期也无法总结和积累相关经验。

3)风险管理不到位

领导层、决策层和执行层对远程宽体客机研制项目风险管理的执行情况不佳,有的人认为风险管理是可有可无,有的甚至认为风险管理给远程宽体客机研制项目的研制工作带来了阻力,风险管理工作不到位。

2. 制度问题

1)风险体系不健全

远程宽体客机研制项目风险管理运行机制与管理模式有待提升,需要构建适合远程宽体客机研制项目发展的风险管理体系。

2)管理制度不完善

远程宽体客机研制项目风险管理的好坏直接关系着远程宽体客机研制项目的进展甚至是成败。目前,远程宽体客机内部的管理制度还不够完善,存在不少的问题与漏洞。例如:项目管理制度、风险应对机制、风险意识培训、奖惩制度等均无法完全满足新形势下远程宽体客机研制项目的要求。

3)有待完善风险处理机制

远程宽体客机研制项目风险应对过程中缺乏风险应对机制,当远程宽体客机研制项目面临风险时不能快速地反馈至管理人员,给风险处理留有足够的应对时间。

4)欠缺奖惩制度

在远程宽体客机研制项目风险应对机制中,没有引入奖惩制度,无法充分调动远程宽体客机研制项目成员应对风险的积极性。

3. 技术问题

远程宽体客机是一个国家工业、科技水平和综合实力的集中体现,对增强我国的综合国力、科技实力和国际竞争力极为重要的意义,远程宽体客机也更好地满足了我国经济发展和人民出行需要,其特殊性要求它具有更高级、更精密、更尖端的性能指标。卓越的指标要求又对远程宽体客机研制项目本身提出了极高的要求,如可靠性、安全性、维修性、测试性、保障性和环境适应性等。因此,相伴随的技术风险也与之升高。远程宽体客机研制项目的技术问题主要体现在以下几个方面。

1)设计不当

远程宽体客机研制项目设计没有根据装备实际使用环境作出进一步优化,后期可靠性验证时无法通过,导致远程宽体客机研制项目研制周期变长,研制费用超支。

2)技术储备不够

远程宽体客机研制项目前期没有充足的基础研究和技术储备,导致后续的研制结果可能无法或很难达到远程宽体客机研制项目既定的性能指标。

3）技术不精

远程宽体客机研制项目的研制人员对项目特定产品的技术要求不够精通，无法满足一些个性化需求，在设计和验证过程中容易出现差错，无法圆满完成远程宽体客机研制项目的研制任务。

4）技术指标设定过高

远程宽体客机研制项目对需求方技术需求分析及可行性评估不够，盲目地追求高指标，导致远程宽体客机研制项目在技术上无法实现，在经济上也无法承受。

5）技术不成熟

远程宽体客机研制项目的新技术和技术创新未经证实或并未被充分掌握就导入项目的研制过程中，使远程宽体客机研制项目、研制产品面临性能、质量等风险。

4. 组织问题

1）计划不合理

对远程宽体客机研制项目的计划制定得不科学、一味地追求进度、忽视了远程宽体客机研制项目设计过程中的评审和论证过程，导致远程宽体客机研制项目产品在后期出现质量风险。

2）预算失控

远程宽体客机研制项目的某个研制节点出现问题后，没有及时做出调整和优化，挪用远程宽体客机研制项目其他节点的研制费用，导致远程宽体客机研制项目研制进度延误。

3）决策盲目

在远程宽体客机研制项目的研制上缺乏经验，资料数据掌握不够，导致远程宽体客机研制项目管理者在决策上出现失误，给远程宽体客机研制项目的研制工作造成困扰。

4）协调组织不当

远程宽体客机研制项目决策时所确定的范围、时间与费用之间发生矛盾，项目资源不足或资源分配不当等引起的冲突也给远程宽体客机研制项目的执行带来障碍，如人员到岗时间、人员知识与技能不足、团队合作障碍和人员激励不当导致远程宽体客机研制项目成员离职等。

3.1.2　远程宽体客机研制项目风险管理的外部问题

远程宽体客机研制项目的外部问题主要包含市场人力资源、政策法规等方面。概括来说主要体现在如下几个方面。

1. 人才紧缺

远程宽体客机研制项目由于跨领域、多专业技术集成的特性,要求远程宽体客机研制项目研究人员拥有较高、较专业的技术能力水平。而大多数优秀人才都集中在国有军工企业体制范围内,远程宽体客机研制项目组在引进人才时有很大的障碍。政府又难有创新的机制与制度与之配合以吸引人才以满足远程宽体客机研制项目的需要。虽然可以通过内部培养来满足远程宽体客机研制项目的人才需要,但往往需要花费大量的人力和物力,并且培养的人才有时无法及时满足远程宽体客机研制项目的需求,甚至有时候培养出来人才因为制度的缺失而流失,达不到预期效果。远程宽体客机研制项目的研制工作要求高、精、尖的技术人员,只有不断学习和掌握新的知识才能满足其研制需要。远程宽体客机研制项目组成员自我学习意识比较弱,导致能力和经验无法提升,难以满足远程宽体客机研制项目的工作需要,使远程宽体客机研制项目研制工作面临巨大的挑战。

2. 监管缺失

远程宽体客机研制项目的监管方,因为某些原因,有时无法及时有效地识别承制方在远程宽体客机研制项目研制过程中出现的问题与风险。双方合作的默契还需要进一步的提升,确保远程宽体客机研制项目问题通过有效的途径与方式得以妥善解决。监管方在履行远程宽体客机研制项目的监管责任时,应当切实履行监管义务,有问题时及时通报处理,做到将远程宽体客机研制项目的风险扼杀在摇篮之中。

3. 采购供应问题

远程宽体客机研制项目的原材料和零配件的供应商比较单一,有的供应商供应能力不足,有的完全无法满足远程宽体客机研制项目的需求。当某一关键零件出现问题时无法及时找到替代品,影响远程宽体客机研制项目进度。另外,有些关键零件供应商的制造能力与工艺水平低下,如材料漏率、平整度、膨胀系数等精度无法满足远程宽体客机研制项目的产品需求。部分达到或很难达到远程宽体客机研制项目预定目标的要求,良率、一次性合格率等无法达到设定标准。

3.2 远程宽体客机研制风险内涵、类别与形成机制

3.2.1 远程宽体客机研制风险的内涵

远程宽体客机研制风险就是在控制安全成本并注重安全效益的前提下通过对研制过程中存在的各种风险进行识别、评估,并在此基础上优化组合各种风险管理

手段对风险实施有效的控制,从而保证研制项目的经济性和顺利进行。风险管理一般包括风险识别、风险评估和风险控制 3 个基本步骤,风险识别和评估是风险管理的基础,风险控制是风险管理的关键和目的。风险管理过程是一个闭环控制的过程。

1. 风险识别

风险识别是判断哪些风险可能对项目目标产生影响并作风险登记的过程。风险识别内容包含对已识别风险进行归档,并预测和评估未来可能发生的风险,以提高风险管理的技能和经验。风险识别贯穿项目实施的全过程中,并不是临时性或一次性行为。风险识别包含识别项目的外部风险因素和内部风险因素。外部风险因素是指项目活动以外的或超出组织控制和加以影响的因素,如国家政策和市场环境等。内部风险因素是指项目活动以内的或组织能够控制和加以影响的因素,如方案变更和计划调整等。风险识别是风险管理活动中的第一项工作,它主要包括:① 识别风险及其特征,识别和评估可能遇到的风险类型,才能在接下来的风险分析过程中弄清风险的性质和预估其对项目产生的影响;② 识别风险的来源,掌控其发生规律和评估可能产生的影响,从而有针对性地采取有效的应对方法,对可能发生的风险加以控制和处理;③ 预测风险后果,减小和降低风险的影响是风险管理的目的,才能从根本上控制项目风险带来的不利影响。

2. 风险评估

风险评估是在风险识别完成之后进行的,其主要目的是评估风险发生的可能性及其严重程度,量化风险发生范围及其概率,评估项目风险的社会和经济意义的过程。项目风险评估方法包含两种:定性风险评估和定量风险评估。定性风险评估的目的是分析和评估风险发生的概率及影响,根据评估结果对风险等级进行排序,识别出可能给项目目标带来影响的风险,为后续风险的评估和控制提供参考。定性风险评估根据风险发生的概率、影响程度及其他制约因素(如范围、进度、成本和质量等),对已识别的风险进行排序,通过客观数据防止个人主观因素对项目施加影响。定量风险评估是对风险进行定量分析的过程,将风险信息进行量化并为决策提供依据,识别风险可能对项目目标产生的影响,并提供合理的建议控制风险以降低对项目产生的不确定性影响。

3. 风险控制

风险控制是风险管理中最为关键的环节,只有采取了有效的控制措施,风险管理才开始发挥作用。风险控制具体可分为事前控制、事中控制和事后控制 3 个小环节。事前控制主要针对危险源确定管理对象并制定合理的管理标准和管理措施;事中控制主要是对危险源的监测过程;事后控制是在对危险源监测的基础上通过采集到的危险源动态信息分析其风险状态对已出现的风险进行预警、控制,从而达到预防事故发生的目的。

3.2.2　远程宽体客机研制风险的类别

远程宽体客机研制项目风险的主要类别有技术风险、进度风险、费用风险和环境风险,四者之间具有一定的关联性。

1. 技术风险

技术风险是远程宽体客机研制项目研制过程中基本、主要的风险。表述的是项目不能完成研制任务的概率和危险程度。一味地追求高指标、技术不成熟、设计不合理和制造工艺落后等都可能导致远程宽体客机研制项目产生技术风险。通常,技术风险是主要的,也是导致远程宽体客机研制项目进度延长和费用增加的主要因素。

2. 进度风险

进度风险是表述远程宽体客机研制项目进度拖延的可能性和危害程度。远程宽体客机研制项目的进度风险主要来源于技术风险,在技术参数未能达到预设指标时,一般只好延长时间继续加以研究,从而导致进度延长。

3. 费用风险

费用风险表述的是远程宽体客机研制项目不能按分配的经费在计划时间内完成研制任务的概率和可能超支的幅度。远程宽体客机研制项目的费用风险来源于技术风险和进度风险,进度的延长会使费用增加,技术风险还会直接导致项目费用增加。同时,远程宽体客机研制项目经费预算不准确也是使进度产生风险的原因之一。

4. 环境风险

环境风险指环境变化对远程宽体客机研制项目产生的影响,使之不能按计划完成任务的概率和危害程度。例如政策变化、政治经济形势变化、需求变化、自然环境变化等都可能对远程宽体客机研制项目产生直接或间接的影响。

3.2.3　远程宽体客机研制风险的形成机制

远程宽体客机研制风险的形成,不在于以上风险的简单累加,而是源于不同风险之间相互叠加、联结以及集聚形成的风险连锁和放大效应。

1. 风险管理意识不强

管理层风险管理意识淡薄。企业管理层对远程宽体客机研制项目风险管理认识不足,对项目风险管理重视程度不够,成为制约项目风险管理有效实施的主要障碍。一般情况下,管理层能意识到风险的存在,但基于远程宽体客机研制项目成本因素考虑,不愿意或不太愿意在有限的资金预算条件下,增加项目风险管理方面的费用支出。在对待远程宽体客机研制项目客观存在的风险时,宁愿采取风险承担或不当的转移方法,使项目面临更大的潜在风险;或采取一定的风险管理措施,但更多关注的是项目的威胁,没有或很少考虑可能给项目带来的机会。还有一些领导层期望远程宽体客机研制项目没有风险或只有很小的风险,而威胁与机会往往是成正比关系的,没有风险则没有收益,而较小的风险则预示着项目较小的收益。

执行层风险管理意识弱。执行层是项目团队的重要组成部分,远程宽体客机研制项目组成员风险意识的强弱直接关系着项目风险控制的效果。在远程宽体客机研制项目的研制过程中,成员风险意识淡化容易使项目面临更大的风险。例如:由于风险意识的缺失,设计人员在方案设计完成后没有进行有效的验证就直接投入制程使用,使项目研制出来的产品出现大批不良或报废率,再重新进行设计验证和试生产,面临成本上涨和交期延误的问题。

2. 人才资源不足

人才流动性不够。当前,市场人才流动机制还存在着一定的局限性,随着改革开放的逐渐深入,越来越多的高新企业迁移或创立在内地,但内地的人才资源却相对缺乏,无法满足企业的需要,因此对从事远程宽体客机研制方面的人才保障问题就显得尤为突出。

专业人才缺乏。高校很少开设项目风险管理深入学习的课程,专门针对远程宽体客机方面的研制项目的风险管理课程则少之又少。这使得风险识别和分析仍是难点,尤其涉及复杂的数学模型和分析方法的探索更是难上加难,需要专业水平高和判断能力强的复合型人才加入项目风险管理的研究队伍,不断充实项目风险管理研究队伍,从而转化更多的研究成果和专业人才不断为研制远程宽体客机项目提供新鲜血液。专业人才的缺乏是远程宽体客机研制项目风险管理发展的瓶颈。

培训力度不够。在远程宽体客机研制项目的执行过程中,没有积极开展风险管理培训学习,使其成为该项目风险管理的中心任务之一。另外,在远程宽体客机研制项目的各个阶段没有考核体系来约束培训学习,提高项目团队的风险管理能力。

3. 风险管理文档保管不当

项目信息充分是风险管理成功的基石。国内公司在远程宽体客机研制项目风险历史经验数据保管方面存在不足,成为远程宽体客机研制项目风险管理的一大障碍。只有建立健全风险信息系统,才能及时识别、评估并反馈项目风险结果。国内企业在建立风险信息系统时,应当进一步考虑完善风险预警机制,设立风险预警体系及其阈值,及时准确地掌握风险前兆,以供远程宽体客机研制项目的管理者和决策者采取恰当的风险预防和处理措施。

信息沟通顺畅是远程宽体客机研制项目顺利进行的保证。国内企业远程宽体客机研制项目跨部门间的协同配合和风险反馈工作没有很好地连贯起来,项目组成员不了解风险管理体系的内容及其运行机制,在内部风险控制过程中无法扮演积极的角色,并承担相应的责任与义务等。另外,国内公司与公司、系统和系统之间信息传递途径不通畅,无法对风险进行及时的反馈和处理。对外,没有及时处理与远程宽体客机研制项目外部相关的工作事项、活动及文化环境等信息;对内,没有及时进行远程宽体客机研制项目风险的反馈与处理机制,这些都使远程宽体客机研制项目内外部风险因素难以得到有效的控制。

第4章

远程宽体客机研制风险管理方法与技术

4.1 远程宽体客机研制风险识别方法与技术

项目管理是一个不断发展的过程,在进行远程宽体客机研制的复杂项目中,尤其需要注意风险的管理,那么,应该如何使用正确的工具来识别研制过程中各种各样的风险呢? 将会是本节介绍的重点内容。

4.1.1 检查表

检查表(check list),在远程宽体客机研制的日常生活中用来记录、整理、分析数据的常用工具。使用检查表进行风险识别时需要注意,将远程宽体客机在研发过程中可能发生的潜在风险一一列在一个表上,便于专业人员进行检查、核对,以判断某个研发过程是否存在表中所列或类似的风险。检查表中所列的内容都是历史上类似研制过程中曾发生过的风险,是风险管理经验的结晶,对相关技术管理人员具有开阔思路、启发联想、抛砖引玉的作用,一个成熟的研发团队或研制组织,要掌握丰富的风险识别检查表工具。检查表可以包含以下内容:

(1)研制成功或失败的原因(表4.1);

(2)远程宽体客机研发后其他方面规划的结果(范围、融资、成本、质量、进度、采购与合同、人力资源与沟通等计划成果);

(3)研发结束后远程宽体客机使用时需要注意什么;

(4)团队成员的技能;

(5)研发后可用的资源。

除此之外,还可以到保险公司去索取资料,认真研究其中的保险案例,防止将那些重要风险因素忽略掉。

制定检查表的过程如下。

1. 对问题有个准确的表述,确保达到意见统一

2. 确定资料搜集者和资料来源

(1) 资料搜集人根据具体研发项目而定,资料来源可以是个体样本或总体;

(2) 资料搜集人要有一定的耐心、时间和专业知识,以保证资料的真实可靠;

(3) 搜集时间要足够长,以保证搜集的数据能够体现项目风险规律;

(4) 如果在总体中有不同性质的样本,在抽样调查时要进行分类。

3. 设计一个方便实用的检查表

经过系统地搜集资料,并进行初步的整理、分类和分析,就可着手制作检查表。

在复杂工作中,为避免出现重复或遗漏,采取工作核对表,每完成一项任务就要在核对表上标出记号,表示任务已结束。

表4.1~表4.4给出了一些远程宽体客机研制的风险检查表。在实际工作中还要结合具体的情况制作专业的风险检查表。

表 4.1 远程宽体客机研制成功与研制失败原因检查表

研制成功的原因	研制失败的原因
<ul><li>研制目标清楚,风险措施切实可行;</li><li>研制过程中参与方共同决策;</li><li>研制各方的责任和承担的风险明确划定;</li><li>研制项目所有的计划、设计和实施都进行了多方案比较论证;</li><li>对研制项目规划阶段进行了潜在问题分析(包括组织和合同问题);</li><li>委派了专业、敬业的负责人并给予充分的授权;</li><li>研制团队组织、沟通和协作能力好,集体讨论过程中的重大风险问题;</li><li>制定了针对外部环境变化的预案并及时采取了行动;</li><li>进行了远程宽体客机研制项目组织建设,表彰和奖励及时、有度;</li><li>对远程宽体客机研制项目成员进行了有计划和针对性的培训</li></ul>	<ul><li>研制项目决策前未进行可行性研究或论证;</li><li>研制项目提出非正常程序,从而导致研制过程中缺乏动力;</li><li>沟通不够,负责人远离、不参与,各有关方权责不清;</li><li>规划工作做得不细,计划无弹性或缺少灵活性;</li><li>研制计划层次太多;</li><li>研制过程中专业人员技术不过关,组织成员能力与工作不匹配;</li><li>研制项目执行过程中突变计划,变更不规范、无程序;</li><li>决策前的沟通和信息收集不够,未征求各方意见;</li><li>未对过去经验教训及时分析;</li><li>其他错误</li></ul>

表 4.2 远程宽体客机研制项目融资风险检查表

研发项目融资成功的条件	研发项目融资风险
<ul><li>研发过程中的融资只涉及信贷风险,不涉及资金;</li></ul>	<ul><li>工期延误,因而利息增加,收益推迟;</li><li>成本费用超支;</li></ul>

续　表

研发项目融资成功的条件	研发项目融资风险
• 切实地进行了可行性研究,编制了财务计划; • 研发使用的产品或材料费用要有保障; • 价格合理的能源供应要有保障; • 研发或服务要有市场; • 能够以合理的运输成本将远程宽体客机产品运往市场; • 要有便捷、通畅的通信手段; • 能够以预想的价格采购到研制材料; • 承包商富有经验且诚实可信; • 研发管理人员富有经验、诚实可靠; • 不需要未经考验的新技术; • 合营各方签有各方皆满意的协议书; • 稳定、友善的政治环境、已办妥有关的执照和许可证; • 不存在被政府没收的风险; • 国家风险令人满意; • 主权风险令人满意; • 对于货币、外汇风险事先已有考虑; • 主要的远程宽体客机研发项目发起者已投入足够的资本金; • 远程宽体客机研制项目本身的价值足以充当担保物; • 对资源和资产已进行了满意的评估; • 已向保险公司缴纳了足够的保险费、取得了保险单; • 对不可抗力已采取了措施; • 成本超支的问题已经考虑过; • 投资者可以获得足够高的资本金收益率、投资收益率和资产收益率; • 对通货膨胀率已进行了预测; • 利率变化预测现实可靠	• 技术失败; • 制造商财务失败; • 政府过多干涉; • 未向保险公司投保人身伤害险; • 原材料涨价或供应短缺、供应不及时; • 远程宽体客机研制技术陈旧; • 远程宽体客机研制产品或服务在市场上没有竞争力; • 远程宽体客机研制产品或服务寿命期比预期缩短; • 远程宽体客机研制中管理不善; • 对于担保物的估计过于乐观; • 远程宽体客机研制所在政府无财务清偿能力

表 4.3　远程宽体客机研制项目演变过程中可能出现的风险因素检查表

生命周期	可 能 的 风 险 因 素
全过程	• 对一个或更多阶段的投入时间不够; • 没有记录下重要信息; • 尚未结束一个或更多前期阶段就进入了下一阶段

续表

生命周期	可能的风险因素
概念	• 没能书面记录下所有的背景信息与计划; • 没有进行正式的成本-收益分析; • 没有进行正式的可行性分析; • 不知道是谁首先提出了远程宽体客机研制项目; • 准备计划的人过去没有承担过类似的研制项目; • 没有写下研制计划; • 遗漏了研制计划的某些部分
计划	• 远程宽体客机研制计划的部分或全部方面没有得到所有关键成员的批准; • 指定完成远程宽体客机研制的人不是准备计划的人; • 未参与制定远程宽体客机研制计划的人没有审查计划也未提出任何疑问; • 主要客户的需要发生了变化; • 搜集到的有关进度情况和资源消耗的信息不够完整或不够准确; • 研制进展报告不一致
执行	• 一个或更多重要的支持者有了新的分配任务; • 在实施期间替换了研制团队成员; • 市场特征或需求发生了变化; • 作了非正式更改,并且没有对它们带给整个研制过程的影响进行一致分析
结束	• 进行远程宽体客机研制的驱动者没有得到正式批准研发成果; • 在所有研制工作尚未完成的情况下,人员就被分配到了新的研发组织中

表 4.4 合营或合资研制的组织风险检查表

风险	防范措施
合作各方目标不一致: 合伙人对于合资或合营的目的有不同的理解或解释	在组成合资或合营体时,所有各方就应该把为什么建立合资或合营体的原因和理由弄清楚,并取得一致的看法
要求发生变化: 在远程宽体客机研制的过程中,合伙人的需要和风险发生变化;为了完成研发,合伙人之间的合作关系会变得越来越复杂	在各合伙人未明确各自的管理责任和就管理系统取得一致意见之前不要签订合同或开始研发;在组成合资或合营体时,所有各方就应该商量好当合伙人之间的关系变得越来越复杂时,合资或合营体的组织结构应该怎样做出相应的变动

风　　　　险	防 范 措 施
合伙人之间的利益分歧: 合资或合营体建立容易,持久难;如果组成合资或合营体的目的是分担远程宽体客机研制费用或风险时,合伙人之间出现利益分歧的风险就越大	建立一个由各合伙方负责人组成的领导小组;领导小组制定合资或名副其实的计划,并任命一个单独的管理班子,使其有权监督各方履行义务和责任
风险资金的准备: 各合伙方往往对合资或合营体的风险估计不足,各合伙方在合资或合营体中要承担的风险比一般业务要大。但无经验的合伙人不能正确地估计这些风险	各合伙人应共同对费用风险进行估计,避免重复考虑风险费用;合资或合营体的风险应当划分为两类,合伙方共同的风险应由合资或合营体的管理班子考虑,而各合伙人的风险应由各合伙人自己考虑
合资或合营体的利益平衡: 合资或合营体研制组织只是各合伙人利益的一部分。各合伙人在合资或合营体中的利益不相同,合伙人的一些或全部利益可能会发生变化,例如当他们看到其他市场上的新机会时,就会如此	当各合伙人是同行者时,在制定合资或合营体的经营规划时就必须预计到利益的冲突;合伙人同行,彼此之间容易理解,易于共同克服困难;如果各合伙人不同行,彼此之间的依赖性就大,但彼此之间的理解就不如同行的情况,在这种情况下,需要建立一个表达式的规划和控制系统
对远程宽体客机研制的态度不同: 各合伙人在合资或合营项目和风险方面所拥有的经验不同,因此合伙人向他们的代表授权也不尽相同,而被授权的代表对研制的态度也各不相同	对于不同行的合资或合营体,各合伙人应派一人参加合资或合营体的领导小组

4.1.2　流程图

　　流程图是远程宽体客机研制过程中常用的风险识别工具。借助于流程图可以帮助团队成员去分析和了解研制过程中风险所处的某个具体环节,找到各个环节之间存在的风险以及风险的起因和影响。通过对远程宽体客机研制流程的分析,可以发现和识别研制风险可能发生在研发的哪个环节或哪个地方,以及研制流程中各个环节对风险影响的大小。

　　远程宽体客机研制流程图用于给出一个研发的工作流程各个不同部分之间的相互联系等信息的图表。研制流程图包括:研制系统流程图、研制实施流程图、研发作业流程图等多种形式,以及不同详细程度的研制流程图。

借用这些流程图去全面分析和识别研制的风险。

绘制研制流程图的步骤：

(1) 确定研发过程的起点(输入)和终点(输出)；

(2) 确定研发过程经历的所有步骤和判断；

(3) 按顺序连接成流程图。

流程图是用来描述远程宽体客机研制工作的标准流程,它与网络图的不同之处在于：流程图的特色是判断点,而网络图不能出现闭环和判断点；流程图用来描述工作的逻辑步骤,而网络图用来排定研发的工作时间。

4.1.3　头脑风暴法

头脑风暴法又称集思广益法,它是通过营造一个无批评的自由的会议环境,使与会者畅所欲言、充分交流、互相启迪,产生出大量创造性意见的过程。

头脑风暴法以共同目标为中心,参会人员在他人的看法上建立自己的意见。它可以充分发挥集体的智慧,提高风险识别的正确性和效率。

头脑风暴法包括收集意见和对意见进行评价两个阶段五个过程。

1. 人员选择

参加头脑风暴会议的人员主要由风险分析专家、风险管理专家、相关专业领域的专家以及具有较强逻辑思维能力、总结分析能力的主持人组成。主持人是一个非常重要的角色,通过他的引导、启发可以充分发挥每个与会者的经验和智慧。主持人要尊重他人,不要喧宾夺主,要善于鼓励组员参与,主持人要理解力强并能够忠实地记录,要善于创造一个和谐开放的会议气氛。主持人要具有较高的素质,特别是反应灵敏、较高的归纳力和较强的综合能力。

2. 明确中心议题,并醒目标注

各位专家在会议中应集中讨论的议题主要有：如果承接某个工程、从事新产品开发与风险投资等研制时会遇到哪些风险,这些风险的危害程度如何等。议题可以请两位组员复述,以确保每人都正确理解议题的含义。

3. 轮流发言并记录

无条件接纳任何意见,不加以评论。在轮流发言时,任何一个成员都可以先不发表意见而跳过。应尽量原话记录每条意见,主持人应一边记录一边与发言人核对表述是否准确。一般可以将每条意见用大号字写在白板或大白纸上。

4. 发言终止

轮流发言的过程可以循环进行,但当每个人都曾在发言中跳过(暂时想不出意见)时,发言即可停止。

5. 对意见进行评价

组员在轮流发言停止之后,共同评价每一条意见。最后由主持人总结出几条重要结论。所以头脑风暴会要求主持人要有较高的素质和较强的归纳、综合能力。

应用头脑风暴法要遵循一个原则,即在发言过程中没有讨论,不进行判断性评论。

4.1.4　情景分析法

情景分析法就是通过有关数字、图表和曲线等,对远程宽体客机研制未来的某个状态或某种情况进行详细的描绘和分析,从而识别引起研制风险的关键因素及其影响程度的一种风险识别方法。它注重说明某些事件出现风险的条件和因素,并且还要说明当某些因素发生变化时,又会出现什么样的风险,会产生什么样的后果等。

1. 情景分析法的主要功能

情景分析法在识别研制风险时主要表现为以下四个方面的功能:

（1）识别研制过程中可能引起的风险性后果,并报告提醒决策者;

（2）对研制风险的范围提出合理的建议;

（3）就某些主要风险因素对研制的影响进行分析研究;

（4）对各种情况进行比较分析,选择最佳结果。

2. 情景分析法的主要过程

情景分析法可以通过筛选、监测和诊断,给出某些关键因素对于研制风险的影响。

（1）筛选。筛选是按一定的程序将具有潜在风险的产品过程、事件、现象和人员进行分类选择的风险识别过程。

（2）监测。监测是在风险出现后对事件、过程、现象、后果进行观测、记录和分析的过程。

（3）诊断。诊断是对研制风险及损失的前兆、风险后果与各种起因进行评价与判断,找出主要原因并进行仔细检查。

图 4.1 是一个描述筛选、监测和诊断关系的风险识别元素图。该图表述了风险因素识别的情景分析法中三个过程使用着相似的工作元素,即疑因估计、仔细检查和征兆鉴别三项工作,只是在筛选、监测和诊断这三种过程中,这三项工作的顺序不同。具体顺序如下:

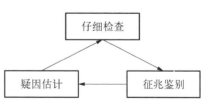

图 4.1　风险识别元素图

（1）筛选:仔细检查→征兆鉴别→疑因估计;

（2）监测:疑因估计→仔细检查→征兆鉴别;

（3）诊断：征兆鉴别→疑因估计→仔细检查。

4.1.5 德尔菲法

德尔菲法是一种反馈匿名函询法。其做法是：在对所要预测的问题征得专家意见之后，进行整理、归纳、统计，再匿名反馈给各专家，再次征求意见，再集中，再反馈，直至得到稳定的意见。其过程可简单表示如下：

匿名征求专家意见→归纳、统计→匿名反馈→归纳、统计……若干轮后，停止。

德尔菲法的应用步骤如下：

第一步：挑选远程宽体客机研制项目内部、外部的专家组成小组，专家们不会面，彼此互不了解；

第二步：要求每位专家对所研讨的内容进行匿名分析；

第三步：所有专家都会收到一份全组专家的集合分析答案，并要求所有专家在这次反馈的基础上重新分析，如有必要，该程序可重复进行。

4.1.6 SWOT 分析法

1. 什么是 SWOT 分析法

SWOT 分析法是一种环境分析方法，SWOT 是英文 strength（优势）、weakness（劣势）、opportunity（机遇）和 threat（挑战）的简写。SWOT 分析的基准点是对企业内部环境优劣势的分析，在了解企业自身特点的基础之上，判明企业外部的机会和威胁，然后对环境做出准确的判断，继而制定企业发展的战略和策略，将 SWOT 分析法借用到远程宽体客机研制风险管理中进行研制战略决策和系统分析。

2. SWOT 分析的作用

（1）把外界的条件和约束同研发团队自身的优缺点结合起来，分析远程宽体客机研制在市场中所处的位置；

（2）可随环境变化进行动态系统分析，减少决策风险；

（3）是一种定性的分析工具，可操作性强；

（4）可以与多米诺法结合起来，针对机遇、挑战、优势、劣势为各战略决策打分。

3. SWOT 分析的步骤

SWOT 分析一般分成五步：

（1）列出远程宽体客机研制的优势和劣势、可能的机会与威胁，填入道斯矩阵表的 Ⅰ、Ⅱ、Ⅲ、Ⅳ区（图 4.2）；

（2）将内部优势与外部机会相组合，形成 SO 战略，制定抓住机遇、发挥优势战略，填入道斯矩阵表的 Ⅴ区；

（3）将内部劣势与外部机会相组合，形成 WO 战略，制定利用机会、克服劣势

	III 优势 优势列出自身优势	IV 劣势 具体列出弱点
I 机会 列出现有的机会	V SO 战略 抓住机遇、发挥优势战略	VI WO 战略 利用机会、克服劣势战略
II 挑战 列出正面临的威胁	VII ST 战略 利用优势、减少威胁战略	VIII WT 战略 弥补缺点、规避威胁战略

图 4.2　SWOT 分析矩阵

的战略,填入道斯矩阵 VI 区;

（4）将内部优势与外部威胁相组合,形成 ST 战略,制定利用优势、减少威胁战略,填入道斯矩阵表 VII 区;

（5）将内部劣势与外部挑战相组合,形成 WT 战略,制定弥补缺点、规避威胁的战略,填入道斯矩阵 VIII 区。

4. SWOT 分析的要点

（1）SWOT 分析重在比较,例如比较远程宽体客机研制优劣势时,比较其他竞争对手的情况,另外与行业平均水平的比较也非常重要。

（2）SWOT 分析形式上很简单,但实质上是一个长期积累的过程,只有在对自身和所处行业准确认识的基础上才能对远程宽体客机研制的优劣势和外部环境的机会与威胁有一个准确的把握。

（3）SWOT 分析必须要承认现实,尊重现实,特别是对远程宽体客机研制自身优劣势的分析要基于事实的基础之上,要量化,而不是靠个别人的主观臆断。

5. SWOT 矩阵实例

表 4.5 是某公司的 SWOT 矩阵。

表 4.5　某公司的 SWOT 矩阵

战略选择	优势 （1）资金; （2）进入中国市场较早; （3）有比较完善的销购网络; （4）统计技术比较先进; （5）居于市场领先地位占有投资咨询行业相当的份额; （6）知名度较高	劣势 （1）监控系统是模拟式的; （2）成本较高; （3）一次性投入大

机会 (1) 国内远程宽体客机市场化进程向纵深延伸; (2) 飞机制造业技术不断提高; (3) 其他市场需求也在扩大	SO 战略 应该以市场主导者的身份力争扩大市场供给以满足日益增大的市场需求	WO 战略 应该努力降低成本,以更低的价格抢占市场
威胁 (1) 由于地方保护主义,致使有些分市场比较难以进入; (2) 竞争者的实力相对较强; (3) 日记形式的监测系统因为成本便宜将依然占据一定的市场空间	ST 战略 (1) 应该首先进入市场化程度较高的沿海大城市; (2) 应该用更快的速度抢占市场使得我们在竞争中处于更加有利的位置	WT 战略 应该先用模拟式的监测设备抢占市场然后再根据电视数字化的进程逐步更新设备

4.1.7 敏感性分析法

敏感性分析是研究在远程宽体客机研制生命周期内,当研制过程的变数(可从现金流量表中找到,如销售量、单价、投资、成本、产品寿命、建设期等)以及研制的各种前提假设发生变动时,远程宽体客机的经济评价指标[如净现值(net present value, NPV)、内部收益率(inner revenue rate, IRR)等]会出现何种变化以及变化范围有多大。敏感性分析是一种定量识别法,详细过程可参考相关书籍。

4.2 远程宽体客机研制风险评估方法与技术

4.2.1 确定型风险估计

1. 确定型风险估计的条件

远程宽体客机的研制风险是由产品研发的不确定性所导致的,不确定性对研发有两个方面的影响:一是结果与目标发生了正偏离;二是结果与目标发生了负偏离。后一种情况对研制来说就意味着风险。但是有些时候人们可以通过经验或历史资料等对远程宽体客机研制的未来状况有确定性的判断,从而知道研制风险发生所带来的损失,这种情况属于确定型研制风险。现举例说明如下。

例 4.1 某企业决定研发某一简单产品,研发部门要决定下月是否开始研制。经估算得知,如下月开始资金到位,则复杂产品的研发可按时完成,使科研项目得以顺利进行,为此能获得收益 50 000 元;但若资金没到位,仍开始研制,则要损失

10 000 元,若不论资金是否到位,均不开工,那么均要付出一笔停工损失费 5 000元。现要求就下月是否开始研制做出分析。

在例 4.1 中,资金到位和资金不到位是两种不同的"状态",开始研制和推迟研制是两种"行动方案"。将不同的行动方案在不同状态下的损益值用表 4.6 列出如下。

表 4.6　各方案不同状态下的损益值

方　　案	资 金 到 位	资 金 不 到 位
开始研制	50 000	10 000
推迟研制	5 000	5 000

现在假定,如果进行研发的管理人员已获得可靠的资金消息说"下个月资金一定到位",此时的问题就变成了如表 4.7 中确定性状态的损益值问题。

表 4.7　确定性状态的损益值

方　　案	资 金 到 位
开始研制	50 000
推迟研制	5 000

显然,对于上述问题,研制管理人员要选择收益大的即"开始研制"方案。

由以上介绍可知,确定性研制风险量化应具备如下条件:

(1) 存在一个或多个确定的自然状态;

(2) 存在可供研制管理人员选择的两个或两个以上方案;

(3) 不同的行动方案在确定的自然状态下可定量地评价。

2. 确定型风险估计的方法

确定型风险估计通常有以下两种方法。

1) 盈亏平衡分析法

盈亏平衡分析的基本原理是在一定的市场、生产能力及经营管理条件下,研究项目成本与收益的平衡关系的方法。盈亏平衡分析又称平衡点(临界点、分界点、分歧点、保本点、两平点、转折点)分析,广泛应用于预测成本、收入、利润、编制利润计划;估计售价、销量、成本水平变动对利润的影响,为各种决策提供必要的信息;可用于远程宽体客机研制项目的安全性分析。

盈亏平衡分析方法是将成本划分为固定成本和变动成本,根据收益、成本之间的关系,进行预测分析的技术方法。

平衡点(极限点)是对某一因素来说的,当其值等于某数值时,恰使方案决策的结果达到临界标准,则称此数值为该因素的盈亏平衡点。这时所说的某一因素就是影响研制项目风险的确定性因素。

将盈亏平衡分析应用于远程宽体客机研制项目风险决策,根据盈亏平衡分析的基本原理和基本方法,假定与远程宽体客机研制相关的各种风险因素不发生变化,在此基础上,进行平衡点分析,一般适用于研制时的费用分析或收益分析。

例4.2 某公司准备投标一项建筑工程,根据业主招标文件的要求和市场考察的结果,该公司项目部人员得到有关成本、收益的信息如下:该建筑工程的总面积为20 000 m²,总工程款为4 500万元,计划130天完成。该项工程需要的支出费用有:公司前期投入的施工机械、设备等固定资产的折旧费500万元,人工费100元/m²,设备租赁中一部分设备按固定费用支付,金额40万元,另一部分按天支付,根据测算合计100元/m²,其他各种税费、管理费等属于固定支付30万元,该项工程的建设费1 200元/m²。

试对该项目做风险分析,对上例进行确定性风险量化,即假定该项目未来各种因素不发生变化,在此基础上进行安全性分析。

具体步骤如下,首先理清成本与工作量(建筑面积)的关系。

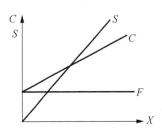

图4.3 线性盈亏平衡点图

(1)成本与工作量。

图4.3表示了工作量与成本之间的关系,则

$$C = V + F = v \times X + F$$

其中,C为总成本费用;F为总固定成本;V为总可变成本;v为单位可变成本;X为工作量(建筑面积)。

(2)收入与工作量。

图4.3表示了收入与工作量之间的关系。

设收入为S;单位面积的价格为P;工作量为X,则

$$S = P \times X$$

可见假设价格P为常数时,收入S与工作量X成线性关系(图4.3)。

(3)盈亏平衡点的确定。

设S为总收入;C为总成本费用;M为盈利;X为工作量;P为单位面积价格;F为总固定成本;v为单位变动成本;Q为规模(总工程量)。

根据:盈利=总收入-总成本费用,则

$$M = (P - v) \times X - F$$

根据平衡点的定义,使盈利为零的点称为盈亏平衡点,记平衡点为 X_0,则由

$$(P - v) \times X_0 - F = 0$$

得

$$X_0 = F/(P - v)$$

因此若欲使项目盈利,必须满足:

$$(P - v) \times X - F > 0$$

即

$$X > F/(P - v) = X_0$$

当项目亏损时:

$$(P - v) \times X - F < 0$$

即

$$X < F/(P - v) = X_0$$

由例题可知,该项目的有关参数如下:

$$固定成本\ F = 5\,700\,000$$

$$变动成本\ V = 1\,400X$$

$$总成本\ C = V + F = 1\,400X + F$$

$$收入\ S = 2\,000X$$

设盈亏平衡时的建筑面积为 X_0,由公式计算可得 $X_0 = 9\,500(\mathrm{m}^2)$。 由于该项目总的建筑面积为 20 000 m²,所以当该公司施工到总建筑面积的 47.5% 的时候,项目就可以达到盈利。说明该项目的风险是小的。

2)敏感性分析法

敏感性分析是在项目评价和企业其他经营管理决策中常用的一种分析方法。影响研发目标的诸多因素是处于不确定的变化之中。出于决策的需要,测定并分析其中一个或多个因素的变化对目标的影响程度,以判定各个因素的变化对目标的重要性,即敏感性分析。具体而言,它是在确定性的基础上,重复分析假定某些因素发生变化时,将对远程宽体客机研制影响的程度。

敏感性是指由于特定因素变动而引起的评价指标的变动幅度或极限变化。如果一种或多种特定因素在相当大的范围内变化,但不对目标产生很大影响,那么可以说该种(几种)特定因素对研发过程来说是不敏感的;反之,如果有关因素稍

有变化就使原本的目标发生很大变化,则那个(些)因素对远程宽体客机的研制项目就有高度的敏感性。敏感性强的因素将给本次研发带来更大的风险。因此,提前了解给定情况下研发环境的一些不确定的因素,并知道这些因素对此次研制的影响程度之后,就能在合理的基础上做出对远程宽体客机研制的风险管理决策。

敏感性分析的目的是:研究引起研制目标变动的因素及变动范围;找出影响研制过程中最关键的因素,并进一步分析与之有关的可能产生不确定性的根源;通过敏感性大小对比和可能出现的最有利与最不利的范围分析,用寻找替代方案或对原方案采取某些控制措施的方法,来确定研发的风险大小。

敏感性分析的步骤和内容如下。

(1)确定具体评价指标作为敏感性分析的对象。敏感性分析的指标选择有两个原则:一是敏感性分析的指标应与确定性分析的指标相一致,不应超出确定性分析所用指标的范围另立指标;二是确定性分析中所用指标比较多时,应选择最重要的一个或几个指标作为敏感性分析的对象,如工期与质量等。

(2)选择需要分析的风险因素。影响远程宽体客机研制的风险因素很多,几乎所有的影响因素都带有某种程度的风险,但并非对所有的因素都要进行敏感性分析。有些因素另有不确定性,但对风险的影响很小。只有那些对风险影响较大的因素才需作敏感性分析。

(3)确定研制目标对各种敏感性因素的敏感程度。目标对风险因素的敏感程度可以表示为:某种因素或多种因素同时变化时研制目标的变化程度。常用的计算方法是,假定除敏感性因素外,其他因素是固定不变的,然后根据敏感性因素的变动重新计算有关的指标,与原指标进行比较,得出其变动的程度,这样即可得出该指标对该风险因素的敏感程度。根据各敏感性因素在可能的变动范围内不同幅度的变动,得出研制目标相应的变化率,建立起一一对应的数据关系,并用图或表的形式表示出来。

(4)经分析比较找出最敏感因素,并对风险情况做出判断。根据上一步的计算分析结果,对每种敏感性因素在同一变化幅度下引起的同一研制目标的不同变化幅度进行比较,选择其中导致变化幅度最大的因素,即为最敏感因素。导致变化幅度较小的因素即为不敏感因素。然后,根据最敏感因素的多少及其对研制目标的影响程度判别风险的大小。

4.2.2 不确定型风险估计

1. 不确定型风险估计的条件

几乎所有的研发都有一定的风险,而导致这些风险的因素有些是可以事先确定或判断的;而有些是难以判断的,或者人们可以知道未来研制会有几种状态以及每种状态所发生的概率,但不知道哪种状态一定会发生,这种情况就是不确定性风险的类型。

对于例 4.1,如果研发团队管理人员仅能得知下月资金到位或资金不到位的可能性(即概率)信息,或根本无法知道资金到位或资金不到位的可能性,这个问题就是不确定性研制风险,如表 4.8 所示。

表 4.8　不确定性状态的损益值

状　　态	资金到位 $P=$未知(或 30%)	资金不到位 $P=$未知(或 70%)
开始研制	50 000	10 000
推迟研制	5 000	5 000

由上述可知,构成不确定型风险估计的条件如下:

(1) 存在两个或两个以上不以研发团队管理人员主观意志而转移的自然状态;

(2) 存在两个或两个以上的行动方案;

(3) 行动方案的损益值在不同的自然状态下可以定量地表示出来;

(4) 在几种自然状态中,未来究竟出现哪种自然状态,团队管理者无法肯定,但对各种自然状态出现的可能性(概率),团队管理者可以通过一定方法预先得到;或者团队管理者只知道未来将发生几种状态,但无法判断每种状态所发生的概率。

2. 不确定型风险估计的方法

不确定型风险估计的方法通常有以下三种方法。

1) 概率分析法

敏感性分析只能使管理者了解某种因素变动对远程宽体客机研制时经济指标的影响,并不能使之了解发生这种影响的可能性究竟有多大。如果事先能够客观地或主观地(有一定的科学依据)给出各种因素发生某种变动的可能性的大小(概率),无疑将对远程宽体客机的研制管理者有所裨益。这种事先给出各因素发生某种变动的概率,并以概率为中介进行的不确定性分析是另一种不确定分析,即概率分析,或称风险分析。具体而言,是指通过分析各种不确定因素在一定范围内随机变动的概率分布及其对研制过程的影响,从而对风险情况做出比较准确的判断,为远程宽体客机的研制管理者提供更准确的依据。

影响远程宽体客机研制的因素大多是不确定的,是随机变量。对这些变量进行预测,只能根据其未来可能的取值范围及其概率分布进行估计,而不可能肯定地预知它们的确切数值。敏感性研究各种风险性因素如果发生某种程度的变化时,会带来多大的风险,而没有考虑这种变化造成风险的可能性有多大,这有时会影响分析结论的准确性。可能有这样的情况,通过敏感性分析找出某一特别敏感的因素,但其未来发生不利变化的概率却很小,因此,实际所带来的风险并不大,以至于可以忽略不计。而另一个不太敏感的因素未来发生不利变动的概率却很大,实际上所带来的风险比那个最敏感的因素更大。对于这种问题,必须借助概率分析。因此,从一定意义上讲,概率分析是敏感性分析的继续和补充。

概率分析的步骤如下:

(1) 任选一个不确定性因素为随机变量,将这个不确定性因素的各种可能结果一一列出,并分别计算各种可能结果的效益;

(2) 分别计算各种可能结果出现的概率,概率的计算一般要在过去的统计资料上进行,也可根据远程宽体客机的研制管理人员的经验得到主观概率;

(3) 根据以上资料,计算在不确定性因素下的效益期望值;

(4) 计算方差和标准差;

(5) 综合期望值、方差和标准差,确定研制在一定时间内或在一定经费范围内(或其他情况)完工的可能性。一般来说,在正态分析条件下:

$E(y_t) \pm 1\sigma$ 的可能性为 68.3%;

$E(y_t) \pm 2\sigma$ 的可能性为 95.4%;

$E(y_t) \pm 3\sigma$ 的可能性为 99.7%。

例 4.3 某研究院承接了一项产品的研制项目,由于该产品受时间因素的限制,越早研制出来市场就越大,研制合同中要求:如果在 20 日之内完成产品的研制,将获得研发款额 5% 的奖励,但如果研制时间超过 30 天,将从研发款中扣掉 5%。该研究院对该产品进行了分析,认为质量因素是该研制的风险因素。结合当地时情况和研制的工作量,做出的判断如表 4.9 所示。

表 4.9　质量发生概率及完成时间

时 间 估 计	概　率　估　计		
	质量较好 ($P=0.2$)	质量良好 ($P=0.3$)	质量一般 ($P=0.5$)
完成时间估计/天	15	25	35

试对该研究院被扣款的风险进行分析。

解:根据概率分析法的步骤分析如下。

(1) 计算完工时间的期望值:

$$E(T) = 15 \times 0.2 + 25 \times 0.3 + 35 \times 0.5 = 28$$

（2）计算完工时间的方差：

$$D(T) = (28 - 15)^2 \times 0.2 + (28 - 25)^2 \times 0.3 + (28 - 35)^2 \times 0.5 = 61$$

（3）计算完工时间的标准差：

$$\sigma = \sqrt{61} \approx 7.81$$

（4）计算该产品研制在 30 天之内完工的可能性：

$$P(T \leqslant 30) = P(Z < 0.384)$$

按照正态分布,查表可得

$$P(T \leqslant 30) = 64.8\%$$

换言之,被扣款的可能性是 35.2%。

同时,还可以计算出该产品在 20 天之内完工的概率：

$$P(T \leqslant 20) = 15.39\%$$

经过概率分析可知,该公司得到 5% 工程款的奖励的可能性不是很大,但被扣款的可能性也不是很大。

2）期望值法

期望值是指概率中随机变量的数学期望。这里,我们把远程宽体客机研制的每个目标变量看成是离散的随机变量,其取值就是每种情况所对应的损益值。

每种情况的损益期望值为

$$\text{EMV} = \sum_{i=1}^{m} P_i X_i$$

其中,P_i 是第 i 个状态发生的概率;X_i 为该情况在此状态下的损益值。

期望值法就是利用上述公式计算出每种情况的损益期望值,其判别准则是期望损益值最大,即期望损益值越大,研制的风险就越小。

例 4.4 某企业决定今后五年内生产某发动机产品的生产批量,以便及早进行生产前的各项准备工作。生产批量的大小主要依据市场的销路好坏而定。现有 3 种可能的方案,即大、中、小三种方案,相对的三种销路（好、一般、差）的损益值见表 4.10。

这是一个面临三种自然状态（产品销路）和三种情况的风险量化问题。

表 4.10　各方案不同状态下的损益值

方　案	好 θ_1 （$P=0.3$）	一般 θ_2 （$P=0.5$）	差 θ_3 （$P=0.2$）
大批量生产 A_1	30	10	−4
中批量生产 A_2	15	16	8
小批量生产 A_3	10	8	6

要解决上述问题,首先要计算每个方案的期望损益值。

方案 A_1：$EMV_1 = 0.3 \times 30 + 0.5 \times 10 + 0.2 \times (-4) = 13.2$

方案 A_2：$EMV_2 = 0.3 \times 15 + 0.5 \times 16 + 0.2 \times 8 = 14.1$

方案 A_3：$EMV_3 = 0.3 \times 10 + 0.5 \times 8 + 0.2 \times 6 = 8.2$

通过计算比较选取期望值最大,即 $EMV = 14.1$ 万元的方案 A_2（中批量）方案为最佳方案,说明此方案的风险最小。

3）决策树法

决策树法是进行风险量化的有效方法。它把有关决策的相关因素分解开来,逐项计算其概率和期望值,并进行方案的比较和选择。决策树法不仅可以用来解决单阶段的决策问题,而且可以用来解决多阶段的决策问题,它具有层次清晰、不遗漏、不易错的优点。

决策树法因其结构形态而得名。决策树的结构较简单,以方块或圆圈为结点,用直线连接结点而形成一种树状结构。方块结点代表决策点,由决策点引出若干条直线,每条直线代表一个方案,故称其为方案分枝。圆圈结点代表状态点,由状态点引出若干线,每条直线表示不同的自然状态发生的概率,故称其为概率分枝。在概率分枝的末端列出各方案在不同状态下的损益值。

用决策树方法进行风险量化的步骤如下。

（1）绘制决策树。

按问题所给信息,由左至右顺序绘制决策树。

所用符号有：

□表示决策节点,从这里引出的分枝为方案分枝,在分枝上要标明方案名称；

○表示状态节点,从这里引出的分枝为状态分枝或概率分枝,在每一分枝上应标明状态名称及其出现概率；

△表示结果结点,它表明各种自然状态下所取得的结果(如期望值)。

(2)计算方案的损益期望值,并将计算结果标注在相应的状态节点上端。

(3)对损益期望值进行比较并选取最优的期望值填在决策节点上,相应的方案即为最优方案。

例 4.5　某企业决定开发新一代节水阀门,以便及早进行项目投产前的各项准备工作。生产批量的大小主要依据市场的销路好坏而定。经过对市场的考察和分析得出 3 种可能的方案,即大、中、小三种方案以及相对的三种销路(好、一般、差),其损益值见表 4.11。

表 4.11　三种项目方案的损益值

方　　案	好 θ_1 ($P=0.3$)	一般 θ_2 ($P=0.5$)	差 θ_3 ($P=0.2$)
大批量生产 A_1	40	28	-4
中批量生产 A_2	24	34	24
小批量生产 A_3	16	20	20

由上例可以得出如下决策树,如图 4.4 所示。

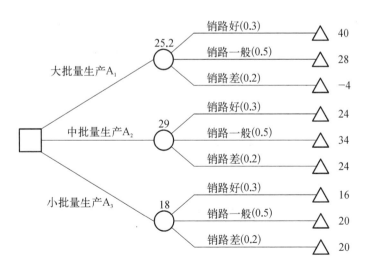

图 4.4　例 4.5 的决策树

通过计算可知,中批量生产的收益最大,其风险也是最低。

4.3 远程宽体客机研制风险排序方法与技术

4.3.1 列表排序法

列表排序法通常用逐项评分的方法来量化风险的大小,即事先确定评分的标准,然后由远程宽体客机的研发团队一起,对预先识别出研制风险一一打分,然后得出不同风险之大小,如图4.5所示。例如,可以根据从1到10分的等级来评估风险,如果研发小组在评估发生资金短缺的风险时,认为它非常不可能发生,打3分,但是一旦发生后果则非常严重,打9分;而且,资金短缺研发小组很难控制,打8分,然后把这三个数字相乘,即得到该风险的风险级别(risk priority number, RPN)。风险级别越高,表示风险越大,需要研发小组制定相应的措施认真对待。事先建立一个为风险条件打分的矩阵,然后对每种风险的可能性、严重性和可控性进行评分,三个分值相乘,得到这种风险的风险级别,风险级别越大,表示这种风险越大,越应引起重视和需要制定相应的应对措施。

风险发生的可能性									
极不可能 ←				可能				→ 极有可能	
1	2	3	4	5	6	7	8	9	10
风险发生的严重性									
极不严重 ←				严重				→ 极严重	
1	2	3	4	5	6	7	8	9	10

风险发生的可控性									
可控 ←				可控				→ 极不可控	
1	2	3	4	5	6	7	8	9	10

图 4.5 风险发生可能性程度

如果认为图4.5的评分标准还太粗,还可以制定出更细的评分标准,用列表的方式进行风险量化,如表4.12所示。

表4.13就是在风险识别的基础上,根据表4.12的评分标准,确定出某复杂产品研制量化后的风险顺序。

表 4.12　远程宽体客机研制风险量化的标准

分数	严　重　度	发生的概率		可　控　程　度
10	严重影响远程宽体客机研制导致取消,而且没有警示	非常高,频繁发生	大于或等于每小时一次	绝对不能控制,只能听天由命
9	严重影响型客机研制导致取消,但有警示	很高,经常发生	一天两次	利用现有的技术和条件几乎不能控制;如需控制,需要创造一定的条件
8	严重影响远程宽体客机研制目标的实现,可能导致严重的拖期、超支或质量问题	高,经常发生	一天一次	利用现有的技术和条件控制难度很大,可能需要其他条件
7	远程宽体客机研发进度、成本或质量性能受到显著影响,可能导致有些工作不能完成,客户不会很满意	较高,经常发生	每周一次	利用现有的技术和条件有一定的难度,但不需要其他条件
6	远程宽体客机研发进度、成本或质量性能受到一些影响,工作仍然可以完成,但客户不满意	中等,时有发生	每月一次	利用现有的技术和条件能够控制
5	远程宽体客机研发进度、成本或质量性能受到轻微影响,客户会有轻微不满	中等,时有发生	每年两次	无征兆,利用现有技术和条件容易控制
4	远程宽体客机研制受到一些影响,客户也将认识到这种影响	中等,偶尔发生	每年一次	无征兆,能够控制
3	对远程宽体客机研制有比较小的影响,客户意识到这种影响	低,很少发生	每两年一次	有征兆,能够控制
2	影响如此之小,以至于只有少数客户发觉这种影响	很低,几乎从来不发生	每五年一次	有明显征兆,很容易控制
1	无影响	不发生	每十年少于一次	容易看出问题,非常容易控制

表 4.13　某复杂产品风险因素排序

编号	风险识别		风险评估				排序
	风险事件	风险来源	可能性	严重性	可控性	风险级别	
1	原材料不能及时到位	供应商	2	8	5	80	5
2	资金不能及时到位	业主	4	8	6	192	2
3	需求不确定	客户	3	10	4	120	4
4	研发核心技术不完善	研发团队	4	8	5	160	3
5	关键技术员跳槽	项目组成员	5	8	5	200	1

4.3.2　矩阵分析法

　　量化风险矩阵即概率影响风险排序矩阵,它综合风险概率和风险影响这两个尺度,构建一个矩阵,定量地对风险进行排序。排序结果可以划分为较低、低、中等、高和非常高几种状态。发生概率高、后果影响严重的风险往往要求进一步的分析和积极的风险管理。每个具体风险的风险评分是采用一个风险矩阵和风险衡量尺度(或标度)完成的。

　　风险的概率由专家参照有关方面的历史数据来确定,概率值介于 0(不发生)和 1(肯定发生)之间。然而在实际问题中,往往难以得到相应的历史数据,给风险概率的确定造成一定的困难。这需要采用序数尺度来确定出从几乎不可能(值为0)到完全确定(值为 1)的相对概率值,也可采用普通尺度来指定特定的概率(如 0.1/0.3/0.5/0.7/0.9)。

　　风险的影响尺度反映了风险结果对研制目标影响的严重程度。影响的确定可采用基数尺度,也可采用序数尺度,具体采用哪种方式可以视组织风险管理的文化习惯而定。基数尺度即经简单排序的值,如较低、低、中等、高和非常高;序数尺度值赋给风险的影响,这些值通常成线性(如 0.1/0.3/0.5/0.7/0.9),但也可是非线性的(如 0.05/0.1/0.2/0.4/0.8),它反映了远程宽体客机研发团队规避高影响风险的愿望。两种方式的目的都是在风险确实存在时,用一个相对值表达风险对研制目标的影响程度。不论基数或序数尺度,任何一个好的影响尺度都需要根据组织一致认可的界定来构造,这种界定可提高数据质量,并使评分过程的可重复性更有效。

　　表 4.14 是用项目目标评价风险影响的一个例子。这个例子解释了风险影响在基数尺度或序数尺度中应用的方法。在项目开始之前,风险相对影响的度量描述就应该由项目组织准备好。

表 4.14　对一项具体风险影响的排序

研制目标	一项风险对远程宽体客机研制的影响评价				
	非常低(0.05)	低(0.1)	中等(0.2)	高(0.4)	非常高(0.8)
费用	微小的费用增长	小于 5% 的费用增长	5%~10% 的费用增长	10%~20% 的费用增长	大于 20% 的费用增长
计划	微小的偏移	小于 5% 的偏移	5%~10% 的总计划偏移	10%~20% 的总计划偏移	大于 20% 的总计划偏移
范围	几乎可以不注意范围的减小	研制的范围很小一部分受到影响	范围的大多数受到影响	对于客户来说产生了不可接受的范围减小	研制的最终产品无用
质量	几乎可以不注意	仅苛求的请求受到影响	质量下降要求客户同意	对于客户来说产生了不可接受的质量下降	研制的最终产品是不能用的
对研制目标的影响可以采用从非常低到非常高这个尺度来评价或者是数字形式的尺度来评价。这里采用的数字(基数)尺度是非线性的,它表明管理者希望规避由风险带来的后果影响					

表 4.15 是一个概率-影响矩阵(P-I 矩阵),给出了概率和影响估计值之间的乘积。这是综合这两项因素比较常用的一种方法,它用来定量确定风险类别(低、中等或高)。图中用非线性尺度表示对高影响风险的厌恶,但在实际分析中,也经常采用线性尺度。从另一方面来讲,P-I 矩阵也可以用基数尺度构成。另外,研发团队内组织成员必须明确在概率-影响矩阵中,对于具体的一种尺度,什么样的概率和影响的组合应具体归为高风险(红色)、中等风险(黄色)或低风险(绿色)。简言之,概率-影响矩阵的风险评分可以把风险进行归类,这有助于制定风险应对方案。

表 4.15　概率-影响矩阵

风险评分 概率 ＼ 影响	0.05	0.1	0.2	0.4	0.8
0.9	0.05	0.09	0.18	0.36	0.72
0.7	0.04	0.04	0.14	0.28	0.56

续　表

风险评分 影响 概率	0.05	0.1	0.2	0.4	0.8
0.5	0.03	0.05	0.10	0.20	0.40
0.3	0.02	0.03	0.06	0.12	0.24
0.1	0.01	0.01	0.02	0.04	0.08
如果风险确实存在,每一个风险都要通过它的发生概率和影响进行排序。在该风险矩阵中显示研制组织对低、中或高风险的界限决定了具体风险的评分					

4.4　远程宽体客机研制风险三维/熵决策方法与技术

4.4.1　三维风险决策法

三维风险决策法综合考虑了风险影响、风险概率和可检测性三方面的因素,可将风险因素对客机研制影响进行最直接的评估。该方法不是直接由专家意见得出判断矩阵,而是通过事先对风险影响和风险概率确定等级划分,由专家通过较为直观的经验,判断出风险影响和风险概率所处的量化等级。综合三者,通过 $R = P \times L \times D$ 计算判断,其中,P 为概率(probobility);L 为损失(loss);D 为可检测性(detectability)。依据评价标准可判断组织风险中各风险的等级。

1. 概率分析

概率分析主要是依据客机研制的历史资料进行分析,根据历史上影响研制进度的风险因素的发生频率来预测在研制中进度风险因素的发生概率。若无历史资料可依据,则根据专家判断来确定。风险因素发生概率范围如表 4.16 所示。

表 4.16　研制进度风险概率判断标准表

概率等级	发 生 的 可 能 性	表　示
很高	81%~100%,很有可能发生	5
较高	61%~80%,发生可能性较大	4

概　率　等　级	发　生　的　可　能　性	表　示
中等	41%~60%,在研制中预期发生	3
较低	21%~40%,不可能发生	2
很低	0~20%,非常不可能发生	1

2. 风险影响分析

风险影响的影响分析同概率分析一样,也主要是依据客机研制的历史资料进行分析,根据历史上影响研制进度的风险因素的影响来预测在研制中进度风险因素的影响。若无历史资料可依据,则根据专家判断来确定。

风险因素对进度的影响如表 4.17 所示。

表 4.17　研制进度风险影响判断标准表

风险影响	定　义　或　说　明	表　示
严重影响	一旦风险事件发生,客机研制完成周期延长,可能无法满足研制需求,进度滞后超过原计划的 30%	5
较大影响	一旦风险事件发生,周期延长较大,进度滞后原计划的 20%~30%	4
中等影响	一旦风险事件发生,周期一般性延长,进度滞后原计划的 10%~20%	3
较小影响	一旦风险事件发生,周期延长不大,进度滞后原计划的 5%~10%	2
可忽略影响	一旦风险事件发生,对研制进度基本没有影响,进度滞后原计划的 5% 以内	1

3. 风险可检测性分析

风险可检测性主要是分析风险发生的时间段(范围)、发生的主要形式和主要的触发概率,可以依据客机研制的历史资料进行分析,根据历史上资料统计分析在研发过程中进度风险因素的可检测度。若无历史资料可依据,则根据专家判断来确定。可检测性等级划分标准如表 4.18 所示。

三维风险决策法,其输入输出的框架如图 4.6 所示。

表4.18　研发进度风险可检测性等级说明

可 检 测 性	定 义 或 说 明	表 示
可检测性高	能够清晰地判断风险事件发生的时间范围和形式等	1
可检测性较高	可以判断风险事件发生的时间范围和形式等	2
可检测性中等	基本可以判断风险事件发生的时间范围和形式等	3
可检测性较小	判断出风险事件发生的时间范围和形式可能性较小	4
可检测性低,几乎不能检测	几乎无法判断风险事件发生的时间范围和形式等	5

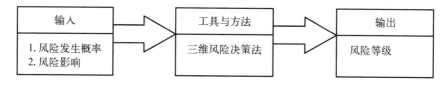

图4.6　研制风险评价框架

三维风险决策法在研制进度风险评估中可以分为以下四个步骤:

(1)根据各项风险对研制进度的影响程度,将风险对研制的影响程度分为5个等级并对各个等级进行了解释性说明;

(2)将风险发生的概率划为5个等级,并对这5个等级进行了解释性说明;

(3)风险的可检测性也分为5个等级,分别从风险发生时间范围、发生形式等几个方面分析风险的可检测性;

(4)风险等级的划分将来可以在概率等级、影响等级和可检测性等级划分更为精细的基础上进行更为精细的分类,例如:可以分为3个等级,如表4.19所示。建议研发管理部门根据实际需要选择等级划分的尺度。

表4.19　风险等级评定表

风 险 大 小	风 险 等 级
$45 \leqslant R \leqslant 125$	高
$15 \leqslant R < 45$	中等
$1 \leqslant R < 15$	低

4.4.2　风险熵决策法

远程宽体客机项目风险指标的权重对最后的风险评估结果尤为重要,所以找到合理的指标赋权方法是很必要的。例如,为了提高决策的准确度,顾昌耀等(顾昌耀等,1991)建立了基于复熵的贝叶斯(Bayes)决策。为了解决远程宽体客机项目中多个决策者的指标权重问题,程启月等(程启月等,2009)建立了基于复熵理论的群组决策风险控制方法研究。为了进一步同时考虑了主观和客观方面的信息,所以与以往的赋权方法相比这种赋权方法不同,进一步考虑基于相对熵集结模型的主观赋权法。

由专家 S_1, S_2, $\cdots$, S_m 等组成 m 人专家决策群组 G,拟对 B_1, B_2, $\cdots$, B_n 等 n 个评估对象进行评价。我们用 $x_{ij}(i=1, 2, \cdots, m; j=1, 2, \cdots, n)$ 代表第 i 个专家对第 j 个被评对象的评分值,x_{ij} 越大,表示 S_i 认为目标 B_j 越好。由各专家的评分结果形成专家判断信息矩阵 X,如式(4.1)所示:

$$X = (x_{ij})_{m \times n} = \begin{bmatrix} x_{11} & x_{12} & \cdots & x_{1n} \\ x_{21} & x_{22} & \cdots & x_{2n} \\ \vdots & \vdots & \ddots & \vdots \\ x_{m1} & x_{m2} & \cdots & x_{mn} \end{bmatrix} \qquad (4.1)$$

其计算步骤如下。

1. 熵可靠性分析

专家及其群组在进行决策或评估时,决策水平的差异可以反映到其做决策或评估结论的可靠性上,它与最终的评定结果息息相关。因此,研究和优化决策群组和专家个体提供信息的可靠性是至关重要的。可靠性是指系统在规定的条件下、在规定的时间内完成规定功能的能力,应用于决策分析则代表专家的决策水平。

假设存在一理想专家 S_*,他的决策水平最高、评分最准、最公正,是可靠性达到最大值 1、不确定性达到最小值 0 的专家。记其评分向量为 $x = (x_{*1}, x_{*2}, \cdots, x_{*n})$,可利用数值代数中的幂法求得。很显然,专家 S_i 决策水平越低,其结论与 S_* 相差越大。因此,这种决策结果的差异在一定程度上反映了专家 S_i 的决策水平。

通过分析专家 S_i 的决策结果与理想专家 S_* 决策结果的差异,将专家 S_i 的决策结果向量转化为决策水平向量,如式(4.2)所示:

$$E_i = (e_{i1}, e_{i2}, \cdots, e_{in}); j = 1, 2 \cdots, n; i = 1, 2, \cdots, m \qquad (4.2)$$

其中,$e_{ij} = 1 - |N_{*j} - N_{ij}| - |d_{*j} - d_{ij}|$;$N_i = [N_{i1} \quad N_{i2} \quad \cdots \quad N_{in}]^{\mathrm{T}}$ 表示按专家 S_i

的评分大小排列的被评价对象 B_1，B_2，$\cdots$，B_n 的优劣名次；$d_{ij} = x_{ij} /$ $\sqrt{x_{i1}^2 + x_{i2}^2 + \cdots + x_{in}^2}$ 是单位化的专家评分值。

专家 S_i 的决策水平越低，与理想专家 S_* 的决策结论的差异越大，E_i 的各元素越小。因为 S_i 与 S_* 对被评目标 B_j 所打的评分值相差越大，$|d_{*j}-d_{ij}|$ 越大；S_i 与 S_* 对被评目标 B_j 所排优劣名次的差异越大，$|N_{*j}-N_{ij}|$ 越大。因此，决策水平向量 E_i 可客观全面地反映专家 S_i 对目标 B_1，B_2，$\cdots$，B_n 所做决策结论的水平。

根据现代信息论，专家 S_i 的决策水平的可靠性，可用其结论的不确定性——决策熵 H_i 来测度。H_i 等于 S_i 的决策水平向量各分量的广义熵之和，如式（4.3）与式（4.4）所示：

$$H_i = \sum_{j=1}^{n} h_{ij} \tag{4.3}$$

$$h_{ij} = \begin{cases} -e_{ij}\ln e_{ij}, & 1/e \leq e_{ij} \leq 1 \\ \dfrac{2}{e} - e_{ij}|\ln|e_{ij}||, & e_{ij} \leq 1/e \end{cases} \tag{4.4}$$

可以看出熵函数 H_i 是非负减函数，决策熵 H_i 越小，表示专家 S_i 的可靠性越高，其决策水平越高。事实上，高水平专家决策时失误很少，其决策熵值 H_i 很小，决策结论的不准确性低，可靠性高，反之亦然。理想专家的不确定水平最小（达到 0），可靠性最高（达到 1），决策结论最公正。因此，可以利用熵来衡量专家决策结论的可靠性水平。

一般而言，当 $H_G \in (0.9, 1]$ 可认为该评价指标体系的可靠性较高，当 $H_G \in (0.8, 0.9]$ 则可认为该评价指标体系的可靠性一般，当 $H_G \in (0, 0.8]$ 则可认为该评价指标体系的可靠性较差。

2. 新群组 G^* 中各专家的权重

依据步骤一衡量各专家决策的可靠性，剔除掉群组 G 中可靠性较低的专家，这样便得到优化后的群组 G^*（含 m^* 个专家，$m^* \leq m$），再根据可靠性得出群组 G^* 中专家 S_{i^*} 的权重水平，如式（4.5）所示：

$$\omega_{i^*} = \frac{r_{i^*}}{\sum_{i^*=1}^{m^*} r_{i^*}} \tag{4.5}$$

其中，r_{i^*} 是专家 S_{i^*} 的可靠性水平，可由决策熵值查表得出。

基于熵可靠性的方法，剔除了决策水平过低的专家，优化后群组的决策结果的

可靠性由原来的 $r_G = \sum\limits_{i=1}^{m} \omega_i r_i$ 变为 $r_{G^*} = \sum\limits_{i^*=1}^{m^*} \omega_{i^*} r_{i^*}$。

将新群判断信息矩阵 $X = (x_{ij})_{m \times n}$ 转化为规范化矩阵 $B = (b_{ij})_{m \times n}$，转化方法如式(4.6)所示：

$$b_{ij} = x_{ij} \Big/ \sum_{j=1}^{n} x_{ij}; \; j = 1, 2\cdots, n; \; i = 1, 2, \cdots, m \tag{4.6}$$

可以求得群偏好向量 $x_{gj}^* = \begin{bmatrix} x_{g1}^* & x_{g2}^* & \cdots & x_{g3}^* \end{bmatrix}$，如式(4.7)所示：

$$x_{gj}^* = \prod_{i=1}^{m} (b_{ij})^{\omega_i} \Big/ \sum_{j=1}^{n} \prod_{i=1}^{m} (b_{ij})^{\omega_i} \tag{4.7}$$

其中，ω_i 为确定的专家 S_i 的决策权重。

根据 $x_{gj}^* = \begin{bmatrix} x_{g1}^* & x_{g2}^* & \cdots & x_{g3}^* \end{bmatrix}$ 中 x_{gj}^* 的大小为各指标的主观权重。

基于熵权模型的客观赋权法：在有 m 个评价指标，n 个评价对象的评估问题中，第 i 个评价指标的熵定义如式(4.8)所示：

$$H_i = -k \sum_{j=1}^{n} f_{ij} \ln f_{ij}; \; i = 1, 2, \cdots, m \tag{4.8}$$

其中，$f_{ij} = \dfrac{r_{ij}}{\sum\limits_{j=1}^{n} r_{ij}}$；$k = \dfrac{1}{\ln n}$；$r_{ij}$ 为 x_{ij} 标准化后的评分值。

在 (m, n) 评价问题中，第 i 个指标的熵权定义如式(4.9)所示：

$$w_i = \frac{1 - H_i}{m - \sum\limits_{i=1}^{m} H_i} \tag{4.9}$$

3. 组合权重确定方法

（1）应用相对熵集结模型确定指标的主观权重 w_1。

（2）用熵权方法确定客观权重 w_2：反映了确定决策条件下，各指标传输给决策者的信息量的大小。

（3）确定属性权重：一个指标的相对重要程度由上两个权重平行决定，两者中任一个等于 0，即使另一个为 1，也不能说指标非常重要，只有两者取最大值时，w_i 才最大，故将第 i 个指标的指标权重 w_i 定义如式(4.10)所示：

$$w_i = \frac{w_{i1} w_{i2}}{\sum\limits_{i=1}^{n} w_{i1} w_{i2}}; \; i = 1, 2, \cdots, m \tag{4.10}$$

4.5 远程宽体客机研制风险应对方法与技术

4.5.1 风险应对工具

风险应对可从改变风险因素的性质、风险发生的概率或风险后果大小三个方面,提出多种策略。下面介绍风险回避、风险转移、风险减轻、风险自留、应急措施、风险利用、风险分担七种措施。在实际中,远程宽体客机研制的风险环境都不相同,具体采取何种风险应对措施要取决于研制的风险形势。

1. 风险回避

风险回避是指在我们在预测到的现有的和可能发生的风险后,不采取风险控制措施,而是直接放弃可能导致风险发生阶段的一种策略。风险回避简单易行,方法能够完全避免风险带来的损失,将风险控制在零概率,但是在避免风险的同时,也放弃了获取收益的机会。当研发风险很大或者难以避免时,而风险管理者在衡量了自身的条件以及能力后,无法有效控制风险时,可以采取风险回避,但这在一定意义上来说是种消极的对策,但是能够完全将风险源切断,回避可能发生的风险。

风险和收益经常是矛盾存在的,对于一个风险偏好者来说,风险回避这种消极的决策是不会被采取的,因为有时风险中暗藏的利益往往是巨大的,很有诱惑性,对于这类风险管理者一般是不会采取这种方法的。在风险管理中,是采取保守的控制方法还是采取积极的方法完全取决于管理者自己追求的目标。

2. 风险转移

风险转移是将客机研发项目本身面临的损失风险转移给其他个人或单位去承担的行为。转移风险又称合伙分担风险,其目的不是降低风险发生的概率和不利后果的大小,而是借用合同或协议,在风险事故一旦发生时将损失的一部分转移到客机研发项目以外的第三方身上。这类风险控制措施多数是用来对付那些概率小,但是损失大,或者客机研发项目组织很难控制项目风险的情况。转移风险的实现大多是借助于协议或者合同,将损失的法律责任或财务后果转由他人承担。

采用这种策略所付出的代价大小取决于风险发生的可能性和危害程度的大小。当远程宽体客机研发的资源有限,不能实行减轻和预防策略,或风险发生的可能性较低,但一旦发生其损害很大时可采用此策略。转移风险主要表现在转移金融风险、成本超支风险、合同风险以及工期方面的风险。

1) 金融风险

为了防止客机研制项目实施中的金融风险出现,则应该尽量分散这种风险,不要把希望寄托在一个银行上,扩大公司研发的融资渠道,例如:发行企业债券、股票、向社会公开招募等,利用多种手段及时将资产在需要时转化成流动资金。对于合同中约定了具体工程价格的,要对未来的银行货币政策做出估计从而选择不同的贷款合同。例如,如果预计接下来银行可能会提高贷款利率则应该与银行签订固定利率的贷款合同。如果估计接下来银行可能会调低利率则适合与银行签订浮动利率合同。

2)成本超支风险

对成本超支方面的风险,如果系业主造成,或者工程所处的环境发生变化,为了适应现有环境要对设计做出变更而造成的工期延误或者利润缩水等情况,可以在合同中事先约定向业主索赔的权利。在原材料价格上涨方面,承接研制的企业应提早做出准备。例如,在工程中用量最大或者花费最高的材料,承建公司应参考国家发布的生产价格和工程造价主管部门发布的价格,再结合市场上建材价格的情况和运输行业的状况判断未来材料价格的走势。如果预测材料的价格有可能上浮,可以和供应商签订合同时事先约定价格。但是这种价格约定是在一定限度内的,如果预计价格变动过大,也可以在合同中与政府约定如果原材料价格涨幅超过一定限度,由政府承担这部分费用。

3)回购风险

对于回购期产生的风险,可以在签订合同时事先约定,如果客机研制完成以后不能按时回购,可以约定拖欠期间内产生的利息的赔偿条款,并且将资金的时间价值计入工程总价里。除此之外,还要密切注意回购期内业主的资金状况,一旦发现业主资金可供偿付研发资金,立即联系业主协商回购事宜,保证回购资金尽早到位,确保自己在银行的信誉。

4)合同风险

应就合同中规定模糊或不完整的部分进行协商更改,让条文尽量严密谨慎,并且争取将研制过程期间可能发生的汇率或通货膨胀的风险转移给政府承担。

5)工期方面风险

由于征地拆迁往往会耗费大量的时间和资金成本,一般很难顺利在约定的时间内完结,而且政府在这方面更具有信服力和执行力,最好将此工作交给政府完成。

3. 风险减轻

远程宽体客机研制项目风险减轻是指将研发风险发生的概率或后果降低到某一可以接受程度的过程。减轻风险既不是消除风险,也不是避免风险,而是减轻风险,包括减少风险发生的概率或控制风险损失。

减轻风险要达到什么目标,将风险减轻到什么程度,这主要决定于研制的具体情况、管理的要求和对风险的认识程度。对已经明确的风险,管理者可以在很大程度上加以控制。对于不是十分明确的风险,要将其减轻,困难是很大的。管理者首先要进行深入细致的调查研究,把握风险出现的可能性和可能引发的损失,其次,再考虑应该对该风险的策略。

在制定减轻风险措施前,必须将减轻风险的程度具体化,即要确定减轻风险后的可接受程度,例如:风险发生概率控制在一个什么范围内,或风险损失应控制在什么标准之内,这是制定减轻风险措施的基础。一般而言,早期采用减轻风险的措施,比在风险发生后再亡羊补牢会有更好的效果。

远程宽体客机研制项目减轻风险的措施主要包括:降低风险发生的可能性、较少风险损失、分散风险和采取一定的后备措施等。

4. 风险自留

在远程宽体客机研制项目风险管理中,对一些不是很严重的风险,或者其他措施应对不是很适合的,或者采用其他应对措施后残余的一些风险,风险管理者常常采用自留的方式。

风险自留也称风险接受,是一种由远程宽体客机研发主体自行承担风险后果的一种风险应对策略。这种策略意味着如果主体不改变研制计划去应对某一风险,或主体不能找到其他适当的风险应对策略,而采取的一种应对风险的方式。这些风险完全是可以通过保险或非保险等方式处置风险的,但出于经济性和可行性的考虑,将风险自留。

在远程宽体客机研制项目风险管理中,可将风险自留分为主动风险自留和被动风险自留。

(1) 主动风险自留。主动风险自留是指在远程宽体客机研制项目风险管理者在识别风险及其损失,并权衡了其他处置风险技术后,主动将风险自留作为应对风险的措施,并适当安排了一定的财力准备。在能够对风险发生的可能性和损失后果充分把握,并且不超过远程宽体客机研制项目主体的风险承载能力的基础上,可以将风险主动自留。

(2) 被动风险自留。是指没有充分识别风险及其损失的最坏后果,没有考虑到其他处置风险措施的条件下,不得不由自己承担损失后果的处置风险的方式。一般而言,被动风险自留是不可取的,由于风险管理者在心理、财力和物力上缺乏准备,往往会造成很坏的财务后果。

在风险管理中,采用风险自留应对措施在某些条件下有着积极的作用,但也应看到其局限性,具体表现在以下两点。

(1) 风险自留可能面临着更大的风险。风险自留以具有一定的财力为前提条件,使风险发生后的损失得到补偿。但若从降低成本、节省研发费用出发,将风险自留作为一种主动积极的方式应用时,则可能面临着某种程度的风险及损失后果。甚至在极端情况下,风险自留可能使客机研制项目主体承担非常大的风险。

(2) 在研发项目风险管理中,对某一风险事件采用风险自留策略时,充分掌握该风险事件的信息是前提条件,即掌握完备的风险事件的信息是采用风险自留策略的前提。从这一点讲,风险自留这一策略可能更适合于应对损失后果不大的这类风险,而对于有明显后果的风险一般就不能采用风险自留策略,只能采用风险规避和风险转移等其他策略。

5. 应急措施

尽管客机研制项目采取上述措施后,风险的发生概率一般会明显降低,即使发生损失也会较小或控制在可接受的范围内,但是由于研发本身及其相关环境的复杂性,某些特定的灾难性的风险事件仍可能不幸发生,必须预先专门制定适当的应急程序或措施,目的是一旦风险事件不幸发生,现场工作人员不至于惊慌失措,可以以此为指南,从容、及时、妥善地处理风险事件,采取适当的措施减少风险损失和影响,包括社会影响,最大限度保证研制进程的正常进行。应急预案就是针对研发可能发生的重大事故及其影响和后果,为应急准备、应急响应和应急处理的各方面预先所做的详细布置,是有序开展及时有效的应急救援工作的行动准则和手册,在应急管理中起着关键作用。具体说来有以下几个作用:

(1)明确范围和体系,使参与救援各方有章可循;

(2)在有应急预案的情况下,各方面可以及时反应,降低损失;

(3)应急预案是客机研发突发事件应急的基础,对于某些特殊研发过程中的重大风险,可以以基本应急预案为基础制定专门的应急预案。

应急预案一般包括:

(1)突发事件的定义和范围,规定何种情况下启动应急预案;

(2)规定参与抢险各相关部门的职责;

(3)规定抢险工作的指挥协调者及其职责;

(4)阐述应急抢险可以动用的资源、设备;

(5)规定处理某个突发事件的标准作业程序和措施;

(6)规定处理应保留的记录以及后续的事故调查处理程序。

6. 风险利用

应对风险不仅只是风险回避、风险转移、减轻风险或风险自留的负面影响,更高层次的应对措施应该是利用风险。一般情况下,风险为消极的。但是有些风险是可以充分利用的。例如:一些投机性质的风险是可以利用的。

研制风险利用不仅是可能的,而且是完全有必要的。这主要表现在:① 风险是社会生产发展的动力,在市场机制条件下,不论是进行产品研发经营活动,还是其他经营活动,总是存在着竞争,而竞争总伴随着风险,因此,从这一角度看,风险是社会生产发展的动力,正是这种竞争和风险的存在,才促进社会生产的发展;② 风险中蕴藏着机会,盈利的机会并不是显而易见、随处可有的,恰好相反,其蕴藏在风险之中,而且开始时还表现出较大的风险;③ 冒一定的风险才能换高额利润或长期利润。

7. 风险分担

客机研制项目风险分担措施是指根据研发风险的大小和研发部团队成员以及项目相关利益者的不同承担风险能力,根据合法、有效的协议由他们合理分担风险的一种应对措施。这也是一种经常使用的风险应对措施。

4.5.2 风险应对计划结果

项目风险应对措施制定的结果主要包括如下内容。

1. 风险应对计划

风险应对计划(有时也叫风险注册)应该制定得非常详细,例如在什么情况下采取什么行动。它应包括下面部分或全部内容:

(1)已识别的风险及其风险特征描述,对项目中哪些部分造成影响(可以对应于 WBS 图),风险来源及如何影响项目的目标;

(2)风险主体及相应的责任分配;

(3)定性和定量风险分析过程的结果;

(4)在风险应对计划中,对某一具体风险经过分析应接受的风险应对措施,包括回避、转移、缓和或接受;

(5)风险策略实施后,预期的残余风险水平;

(6)用于执行选定的风险应对策略的具体行动计划;

(7)应对措施的预算和时间;

(8)意外事故应急计划和反馈计划。

2. 确定残余风险

残余风险指在对风险采取了回避、转移或缓和措施后仍存在的风险,也包括被接受的小风险,例如,在时间或费用上增加发生意外事故时进行处理的资源。

3. 确定次生风险

次生风险是由于实施风险应对措施而直接产生的,它们也应该被识别并采取计划应对措施。

4. 签署合同协议

对于特定风险,为了避免或减轻威胁,可以采用签订保险、服务或其他必要的合同协议的形式,来指定各方的责任。

5. 为其他过程提供的信息输入

大多数风险应对措施要求投入额外的时间、费用和资源,并且要求对项目计划做出改变。项目组织通常会要求对于一定风险水平的资源消耗是合理而公正的。执行这些风险应对措施的信息及相关结论都必须反馈到相关领域,成为其过程计划、变更和实施的依据。

6. 信息输入修改的项目计划中

风险应对计划过程的结果必须整合到项目计划中,确保所制定的行动计划作为正在进行的项目一部分,得到执行并受到监测。

4.6　远程宽体客机研制风险监测方法与技术

4.6.1　风险监控的技术和方法

随着远程宽体客机研制时间的推移,有关研制的风险信息会逐渐增多,风险的不确定性会逐渐降低,但风险监视工作也会随信息量的增大而逐渐复杂。一般可采取研发项目审核检查的方式,通过各实施阶段的目标、计划、实际效果的对比、分析,寻找问题的根源,提出解决问题的方法。研制风险监控技术主要有审核检查法、风险表检查法、挣值法以及风险预警。

1. 审核检查法

在本章 4.1.1 小节中,检查表是风险识别的常用工具。审核检查法指的是在研发开始的某一时间某一审核会、评审会的方式进行监测风险的传统方法,适用于研发项目的全过程。主要是通过审核检查的办法,对研发项目已完成的工作进行核查,发现错误、矛盾、疏忽之处,检查风险是否有超出可接受程度的隐患,发现潜在风险。审核可以发现以前或他人未注意或未想到的风险和问题。审核会议要有明确的目标,检查问题要具体有效。参加人员应该是与该研发项目有关的各方面人员,同时参与者应该是具备一定技术素质或是风险管理经验的人。审核时应采取交叉审核的办法。审核会议的结果应有书面记录。审核结束后,要把发现的问题及时告知研发项目负责人员,以便及时整改。

2. 风险表检查法

风险表检查法就是根据已有的风险评价清单,从所有风险中挑选出对客机研制影响最大的几个,例如:前十个最严重的列入风险监测表,写明原风险应对措施,填写实施效果和风险等级变化情况,如果发现表上出现了以前未出现过的新风险,或者有的风险情况变化很小,那么就要考虑重新进行风险分析。要注意尽早发现问题,不要让其由小变大,进而失去控制。还要跟踪列入图表中的类别变化,如果新列入图表的风险以前被划入未知或不可预见的类别,那么,就预示着客机研制有很大的可能要出现麻烦。这种情况还表明原来做的风险分析不准确,远程宽体客机的研发实际面临的风险要比当初考虑的大。如果发现风险等级比列入监测表前加大,则表明之前风险分析存在偏差。该法用表格的形式反映风险监测的结果,直观易行,是风险管理中常用的方法。如果风险总量不大,监测表也可以涵盖研发项目的所有风险。

3. 挣值法

挣值法又称为偏差分析法,它是研究项目费用和进度管理中常用和行之有效的一种方法。该法同时适用于远程宽体客机研制对于风险的监测,可监控费用和进度两项风险。它采用货币形式反映研制进度,以资金转化为远程宽体客机研发项目成果的量来进行比较。通过对计划工作的预算费用(budgeted cost of work scheduled,BCWS)、已完工作实际费用(actual cost of work performed,ACWP)和已完工作预算费用(budgeted cost of work performed,BCWP)的比较,确定客机研发项目在费用支出和时间进度方面是否符合原定计划的要求。该法实施时首先定期监控上述三个数据,然后计算两个重要指标——费用偏差(cost variance,CV):

$$CV = BCWP - ACWP$$

进度偏差(schedule variance,SV):

$$SV = BCWP - BCWS$$

当 CV<0 时:显示客机研制实际费用超出预算费用,费用风险加大;

当 CV=0 时:显示客机研制实际费用等于预算费用;

当 CV>0 时:显示客机研制执行良好,费用有所节约;

当 SV<0 时:显示客机研制进度拖后,进度风险加大;

当 SV=0 时:显示客机研制进度刚刚好;

当 SV>0 时:显示客机研制进度提前。

通常我们把 BCWS、ACWP、BCWP 三组数据以曲线的形式画在一个坐标系内,这样就可以直观地看出费用和进度的偏差情况,称为 S 曲线图。

4. 风险预警

远程宽体客机研制项目风险预警是指对于研发管理过程中可能出现的风险,采取防患于未然的方式进行控制,根据实际设定的风险预警线,一旦有风险的苗头就发出预警信号,迅速采取行动进行纠偏。远程宽体客机研制工程项目风险管理工作需要有预见性和前瞻性,而传统风险管理是一种"回溯性"管理,在大型研发进程中往往造成工作被动和损失而造成难以弥补的后果,建立风险预警机制可以达到事先预防的效果。风险预警是通过一个循环的风险信息处理与反馈的过程来实现的,风险信息经过采集和处理成为可用于预警的有用信息,风险预警判断过程根据设定的预警线判断是否预警,一旦预警,则开始提出风险对策的过程,风险控制评价过程确保措施的有效并更新调整风险预警指标体系,接下来开始实施风险控制措施,下一循环开始。风险预警系统基本是由设定风险预警线、进行风险监控和实施风险报告三部分。设定风险预警线是为了风险的监控,风险报告是风险监控结果的表述。为使风险预警能够有效发挥作用,确保研制项目实施在预定轨道上运行,需要根据客机研制项目和研发实施环境的复杂多变,不断充实风险应对与控制措施,使之成为风险监控的重要内容。

4.6.2　风险监控策略

在远程宽体客机研制过程中识别出新的风险,并且找到合适的风险监控技术与方法之后,就需要制定相应的监控策略,其监控策略主要有以下五点。

(1)客机研制风险的审计。远程宽体客机研制项目相关风险管理人员开展对研制风险的审计,在团队人员配合的基础之上,检查风险的监控机制是否得到良好的执行,执行效果是否达到预期的目标。风险管理人员需要定期对研制风险进行审核,尤其在新研发项目实施的关键环节,对研发项目的各种不确定性因素和潜在威胁进行跟踪,并进行各项指标风险的再评估。另外,在风险监控过程中如果发现了新的研制风险,则制定相应的应对和管理计划。

(2)开展远程宽体客机研制风险的偏差分析。远程宽体客机研制项目风险的偏差分析是研制风险监控的重要环节,同时也是客机研制风险监控和客机研制项目风险管理衔接的主要媒介。通过开展对风险的偏差分析,结合在研制过程中出现的状况同预期成果之间的偏差分析,了解研发过程中各方面存在的问题和不足,进而分析其中可能存在的风险项,对相应的风险项进行跟踪监控。

(3)远程宽体客机研制风险的监控结构。远程宽体客机研制项目风险的监控,主要的目的在于深入地挖掘研发过程中可能存在的各种风险项,并对其产生和影响等状况进行跟踪和监控。所以,为达到比较高效的研制风险监控水平,需要对客机研制项目进行风险监控结构的优化,结合研制实施计划尽可能加强研发各环节的风险识别,在实施过程中简化远程宽体客机研制项目识别和分析的过程,通过重点监控和层次监控等手段不断地优化监测风险的监控结构,提升风险监控的水平和效率。

(4)远程宽体客机研制项目风险管理意识以及风险组织管理结构的建立。加强风险管理意识需要建立起规范的远程宽体客机研制项目风险管理文化,促使项目人员认识到风险管理的必要性和重要性。而且,客机研制项目管理部还需建立起能够有效开展研制风险管理的组织结构,通过建立以管理人员为中心的远程宽体客机研制项目风险管理结构,制定风险管理计划,选择风险管理手段,开展风险管理和监控,提升研制项目的风险控制管理能力和水平。

(5)远程宽体客机研制项目风险管理流程的优化。完善的项目风险管理流程是有效开展风险管理的保障,相关的研发管理部门可根据以往的风险管理实践建立自身的风险管理数据库,作为后续开展各方面项目风险管理的基础,而且在实践中不断地实现完善。

4.6.3 风险监控的成果

风险监控的成果表现在如下几方面。

（1）随机应变措施。随机应变措施就是消除风险事件时所采取的未事先计划到的应对措施。这些措施应有效地进行记录,并融入远程宽体客机研制的风险计划中。

（2）纠偏措施。纠偏措施包括实施应急计划和附加应对计划。

（3）变更请求。实施应急计划经常导致对风险做出反应的研制计划变更请求。

（4）修改风险应对计划。当预期的风险发生或未发生时,当风险控制的实施消减或未消减风险的影响或概率时,必须重新对风险进行评估,对风险事件的概率和风险管理计划的其他方面做出修改,以保证重要风险得到恰当控制。

（5）风险数据库。该数据库的目的是整理、更新和分析收集的数据,数据库的采用有助于在整个组织过程中的风险管理,并且随着时间的推移,逐步累积风险课程的基础资料。

（6）更新风险判别核查表。根据经验不断更新核查表将有助于将来的其他研发项目的风险管理。

4.7 远程宽体客机研制软件风险管理决策方法与技术

4.7.1 远程宽体客机软件需求分析

在进行远程宽体客机研制软件开发前需要根据客户的需求进行软件的需求分析,将需求细化到软件的设计当中。开发远程宽体客机研制风险软件的初衷是希望其能够起到辅助风险评估的作用,能够尽可能地简化风险评估的计算,另外还要起到一定的研制风险信息管理作用。

远程宽体客机研制风险评估软件的首要需求是辅助风险评估模型计算功能,软件的需求分析如下。

（1）需要支持多种风险评估方法模型,并实现自动计算功能,另外远程宽体客机研制软件风险评估有很多的方法模型可供选择,开发软件需要对风险方法模型计算进行模块化设计,为未来添加方法模型预留接口。

（2）软件设计要贴近远程宽体客机研制风险评估的实际情况,支持多专家联合打分形式。在远程宽体客机研制风险评估过程中会产生很多研制风险相关信息和数据,将这些信息数据按照风险评估要求的形式进行分类以及存储是风险评估的一项重点内容。

基于此,风险评估软件需要具有:

(1)能够实现根据项目对远程宽体客机研制风险信息进行分类、存储以及对历史信息进行查询功能;

(2)能够输出风险评估过程中产生的信息数据,以便对风险信息进行分析及记录。

4.7.2　远程宽体客机研制软件总体结构设计

基于软件的需求分析,将远程宽体客机研制风险评估软件总体结构分为四个模块,包括风险识别模块、风险评估模块、风险处置模块以及研制风险信息管理模块。模块主要执行风险识别程序,为风险评估模块提供风险项输入;风险评估模块通过模块化设计的多种评估方法模型评估出风险项的风险值;风险处置模块对风险评估模块的输入进行分析,找出风险处置内容;研制风险信息管理模块主要实现对各信息数据的储存工作,主要在软件后台进行工作。远程宽体客机研制风险评估软件总体结构设计如图 4.7 所示。

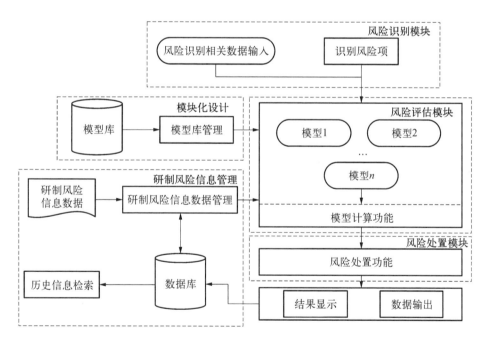

图 4.7　核动力装置研制风险评估软件总体结构设计

4.7.3　远程宽体客机研制软件主要实现功能

软件以风险评估流程为框架,在需求分析以及总体结构设计的基础上实现了基本的辅助风险评估计算功能以及研制风险信息管理功能,具体如下。

1. 风险识别、风险评估以及风险处置流程化操作

软件设计采用自定义添加、删除以及导入风险项,支持建立风险源清单,支持查询历史风险项,并支持对应风险项输入风险处置方案。

2. 支持三种风险评估方法模型

软件采用简单加权法、风险因子评估法以及基于技术成熟度模型的评估方法三种风险评估模型,并支持自动计算专家评分以及多专家评分输入计算功能。

3. 研制风险信息存储以及输出功能

软件支持在完成评估过程后按照远程宽体客机研制项目存储风险信息数据,并且可以将评估结果以图像或 Excel 表格的形式输出,便于继续分析研究。

4.7.4 远程宽体客机研制软件风险管理模型

风险管理理论研究起步于 20 个世纪 80 年代的美国,迄今已有 30 多年的历史,可以说成果丰硕,当前主流的风险管理理论均出自美国,对整个信息技术(information technology, IT)世界影响深远。下面介绍几个具有代表性的风险管理模型。

1. 勃姆(Boehm)风险管理模型

Boehm 是软件风险管理理论的奠基人之一,Boehm 创立了 Barry Boehm 风险模型,并第一次在软件开发过程中明确考虑了风险。他在《软件风险管理》中将风险管理划分成为两个方面,一个方面是风险评估,另一个方面是风险控制;其中风险评估又分为风险识别、风险分析和风险优先级排序,风险控制又分为风险管理计划、风险解决和风险监控。Boehm 的杰出贡献为他赢得了“软件风险管理之父”的美誉。Boehm 风险管理模型示意图见图 4.8。

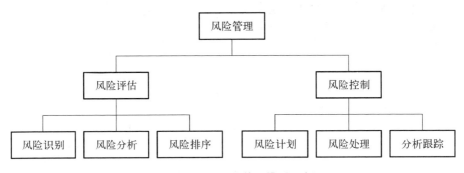

图 4.8　Boehm 风险管理模型示意图

2. SEI 持续风险管理模型

SEI 即美国国防部主管的软件工程研究所(Software Engineering Institute),从 1990 年开始从事软件风险管理的研究工作,几十年来成果显著。其提出的持续风

险管理(continuous risk management,CRM)模型是在 Boehm 模型基础上有所改进,第一次明确了持续的识别和管理风险在软件项目中的重要性。SEI 的研究领域涵盖了风险的全过程,更将风险管理模型引入 CMMI 中,实现了风险管理和成熟模型的完美融合,成为业界标准。SEI 持续风险管理模型示意图见图 4.9。

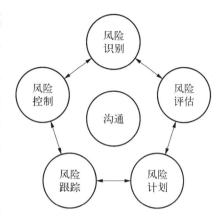

图 4.9　SEI 持续风险管理模型示意图

3. CMMI(软件能力成熟度)模型

CMMI(capability maturity model integration),即软件能力成熟度模型,是目前国际上软件领域接受程度非常高的一种管理模型,CMMI 是以 CMMI 为基础发展而来,主要用于评估软件开发过程的改进以及对软件开发能力进行评估,并在全世界成功推广实施。

CMMI 将软件成熟度划分成 5 个等级:初始级、可管理级、已定义级、量化管理级、优化管理级。

CMMI 认为风险管理是一个连续的过程,CMMI 的核心是风险库,每个目标活动都和风险库存在交互关系,通过不断完善风险库制定出更好的风险管理策略。

CMMI 的基本思想是:只要集中精力持续努力去建立有效的软件工程的基础结构,不断进行管理实践和过程的改进,就可以克服软件开发中的困难。

4. MSF 风险管理模型

MSF(Microsoft Solutions Framework)风险管理模型是微软公司及其合作伙伴,在给客户成功开发软件项目的应用经验中得来的一组工作模型。其核心观点是:风险管理是一个主动、正式的系统过程,风险应该被持续地评估、监控、管理和解决。该模型最大的特点在风险管理过程中融入了学习环节,强调学习以前项目经验的重要性和不可或缺性。MSF 风险管理模型如图 4.10 所示。

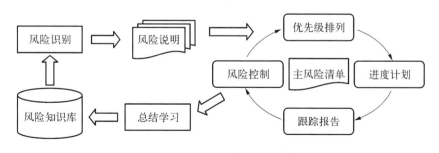

图 4.10　MSF 风险管理模型示意图

总之,在远程宽体客机研制软件项目的开发过程中,对研制过程进行风险管理是非常重要的,通过风险管理可以使进程更加平稳,可以获得更高的控制能力,增强对研制项目完成的信心。

5. 利维特(Leavitt)风险管理模型

Leavitt 于 1964 年提出的风险管理模型将系统的组织分成 4 个部分:任务、结构、角色和技术;任务描述了项目的目标和期望结果,结构描述了项目组织架构,技术包括开发工具、方法、软硬件平台等,角色指的是项目的所有参与者,包括软件用户、项目经理和设计、技术人员等。

Leavitt 的核心思路是,模型的各个组成部分密切相关,相互影响,如果一个部分的状态发生改变则其他部分也会受到影响,可能降低整个系统的性能。

Leavitt 模型提出的是一个框架,广泛认可组织内部成员之间的相互联系。这个模型的优点在于为我们提供了从不同角度研究风险管理过程的新思路。

6. Riskit 风险管理模型

Riskit 风险管理模型由马里兰大学提出,旨在对风险的起因、触发事件及影响进行系统化的评估与管理。风险管理中的每一个活动 Riskit 都提供了详细的执行模板,包括活动的描述、输入标准、输出标准、使用的方法、工具、责任、资源、退出标准等。Riskit 风险活动及产出如表 4.20 所示。

表 4.20　Riskit 风险活动及产出表

活 动 名 称	活 动 描 述	活 动 产 物
风险管理标准定义	定义风险管理的范围、频率,识别所有远程宽体客机研制项目的相关者	风险管理标准:为什么、何时、谁、如何、用什么进行风险管理
目标检查	审查已经确定的研制目标,重新定义不明确的目标和限制;找出和目标相关的风险因素	明确的目标定义
风险识别	使用多种方法识别出对研制项目潜在的威胁	原始风险列表
风险分析	分析和合并风险,对主要风险构造出风险分析图,估计风险出现的可能性和由此造成的损失	风险分析图和风险排序
风险控制计划	将重要的风险列入风险控制计划,选择合适的风险控制措施	选定的风险控制措施

续　表

活　动　名　称	活　动　描　述	活　动　产　物
风险控制	实施风险控制措施	控制的风险
风险监控	监控风险状态	风险的状态信息

　　Riskit 方法完美地将理论方法融入技术和过程之中,它不仅可以导出详细的风险分析和描述,而且可以改善风险管理过程和结果。

第5章

远程宽体客机研制风险管理规划

5.1 风险管理规划概念

5.1.1 风险管理规划的定义

风险管理规划是规划和设计如何进行项目风险管理活动的过程,是进行项目风险管理的第一步。其工作包括定义项目组及成员风险管理的行动方案和行动方式,选择适合的风险管理方法,确定风险判断的依据等。

风险管理规划有时指的是风险管理计划,它是风险管理规划后形成的重要文档,用于描述整个项目生命期内,项目组和成员如何组织和执行风险识别、风险评估、风险量化、风险应对计划及风险监控等项目风险管理活动。这里需要注意的是,风险管理计划是一个指导如何进行项目风险管理的纲领性文档,而风险对应计划则制定单个风险的应对策略及措施。

5.1.2 风险管理规划的依据

风险管理规划的制定依据来源于如下几个方面:

(1)公司和组织的风险管理政策和方针;

(2)项目规划中包含或涉及的有关内容,如项目目标、项目规模、项目利益相关者情况、项目复杂程度、所需资源、项目时间段、约束条件及假设前提等;

(3)项目组及个人所经历的风险管理实践和积累的相应风险管理经验;

(4)决策者、责任方及授权情况;

(5)项目利益相关者对项目风险的敏感程度和承受能力;

(6)可获取的数据及管理系统情况;

(7)风险管理模板,以使风险管理标准化、程序化,可持续性改进;

(8)工作分解结构、活动时间估算、费用估算;

（9）当地的法律、法规和相应标准。

5.1.3　风险管理规划的方法及内容

风险管理规划一般通过规划会议的形式制定。会议参加人员应包括项目经理、团队领导者、组织中管理风险规划和实施的人员、主要的利益相关者以及任何需要参与的人员。风险管理规划主要涉及如下内容。

（1）方法：确定项目风险管理使用的方法、工具和数据资源。这些内容将根据项目的不同阶段、可获信息的数量以及风险管理的柔性而有所改变。

（2）作用和职责：明确每一类风险管理活动中领导者、支持者及参与者的角色定位、任务分工及其各自的责任。

（3）时间周期：界定项目生命周期中风险管理过程的各运行阶段、过程评价、控制和变更的周期或频率。

（4）类型级别及说明：定义并说明风险评估和风险量化的类型级别。对于防止决策滞后和保证过程连续来说，明确的定义和说明是很重要的。

（5）基准：明确定义由谁以何种方式采取风险应对行动。该定义可作为基准衡量项目团队实施风险应对计划的有效性，并避免发生项目业主方与项目承担方对该内容理解的二义性。

（6）汇报形式：规定风险管理各个过程中应汇报或沟通的内容、范围、渠道及方式。汇报与沟通应包括项目团队内部之间的、项目外部与投资方之间的及其他项目利益相关者之间的汇报与沟通。

（7）跟踪：规定如何以文档的方式记录项目风险管理的过程，此风险管理文档将有利于当前项目的管理、项目的监察、经验教训的总结及日后项目的指导。

5.1.4　风险管理规划机构与职责分工

1. 管理机构

大型商用飞机项目风险规划管理机构由两级组成。

第一级：行政指挥系统。行政指挥系统是项目组织风险管理的最高决策机构，负责重大风险决策，协调解决大型商用飞机项目组织内重大组织管理问题，日常工作归口于总部项目管理部。

第二级：各大中心和总部各相关部门。各大中心大型商用飞机项目管理部负责日常管理，负责中级及以下风险决策。总部相关部门配合项目管理部门开展风险管理的有关工作。

2. 总部项目管理部职责

（1）负责组织制定项目组织风险管理的规章制度，确定组织风险管理的工具和方法,检查、监督和指导中国商飞公司各大中心组织风险管理工作。

(2) 协调与总部其他各部门、各大中心等有关组织风险管理相关工作,从公司其他各相关部门获取组织风险管理相应信息和资源。

(3) 负责将中国商飞公司各大中心项目管理部上报的重大风险组织专家论证,并上报行政指挥系统。

(4) 在每年1月组织召开大型商用飞机项目风险年度工作会,会议由中国商飞公司各职能部门负责人、中国商飞公司各大中心相关部门负责人、项目技术负责人和各个供应商负责人参加。根据各大中心提交的本中心组织管理工作报告,分析项目潜在风险,探讨其解决方法,制定解决方案,合理分配资源。

3. 各大中心职责

各大中心负责参照公司风险管理程序建立各中心级项目风险管理程序,补充和细化风险管理要求,并实施中心级项目风险管理工作,履行如下组织风险管理职责。

(1) 贯彻执行公司行政指挥系统制定的项目组织风险管理的规章制度,制定本中心项目组织风险管理规划。

(2) 落实公司行政指挥系统制定的项目组织风险管控措施。

(3) 承担本单位组织风险识别、分析、评价、应对、监测,负责相关文件起草、上报和归档工作。

(4) 定期向公司行政指挥系统上报风险评价结果,上报重大风险,决策及处理中级及以下风险。

(5) 在项目年度工作会前,根据本单位下一年度项目计划开展主要组织风险和资源需求预测,形成进度风险报告,提交项目工作会讨论。

(6) 配合总部项目管理做好大型商用飞机项目组织风险管理其他相关工作。

4. 总部各相关部门职责

(1) 配合项目管理部做好大型商用飞机项目组织风险管理工作,提供必要的资源支持。

(2) 配合各大中心开展组织风险管理工作,提供相应职责范围内的识别、分析和应对风险所需资源。

5.1.5 风险管理管理流程

1. 组织风险管理流程

根据大型商用飞机项目组织风险管理原则,其管理流程如图5.1所示。

2. 组织风险识别

各大中心/总部各部门识别大型商用飞机项目的组织结构风险、管理制度风险、人力资源风险和组织文化风险等。

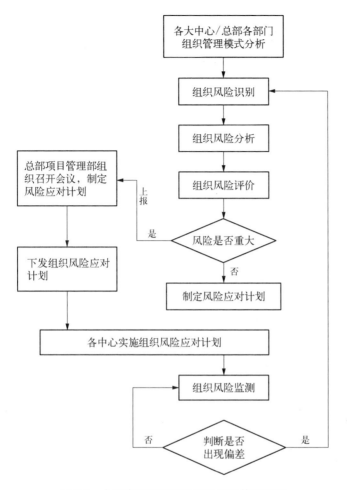

图 5.1　大型商用飞机项目组织风险管理流程

3. 组织风险分析与评价

各大中心/总部各部门根据每一类风险的特点分析其发生可能性、影响和可检测性,确定其等级。根据风险评价的结果,确定可容许风险的范围。

4. 组织风险应对

根据评价结果针对不可接受的大型商用飞机项目组织风险制定风险应对方案,提出资源需求,执行风险应对计划。

5. 组织风险监测

实时跟踪大型商用飞机项目组织风险应对计划的实施情况,若出现实际计划执行不力则做相应的计划调整或采取其他措施,并适时监测可接受风险的变化。

5.2 风险管理规划的编制

5.2.1 风险管理规划的一般形式

风险管理规划是身处风险环境的项目管理者及其他相关方有效处理风险的行动指南。一个好的风险管理规划必须能够提供必要的信息,使项目团队能够理解风险管理的目标和过程。由于仅仅是一个指南,它有可能在一个方面很详细,例如在定义部分和对人员责任的分配等,也可能在另一些方面很空泛,例如在评价风险时为评估者提供多种评价方法的描述,以便用户可以根据实际情况选择最恰当的方式处理。由于每种评价方法都有各自的优缺点,特定的方法可能仅适合某类情况,因此只能泛泛而谈。一个典型的风险管理规划大致包含如下部分。

（1）引论：简单介绍该风险管理规划的情况,如版本号、撰写人、批准人、批准日期等。

（2）项目简介：简要介绍项目的整体情况。

（3）定义：确定项目风险定义的范围,以及风险管理与其他管理活动、项目、设备和组织的接口。

（4）风险管理战略和方法：阐明风险管理战略、方针、政策和方法。

（5）风险管理过程和程序：定义项目的风险管理需经历的必要过程和程序。

（6）风险管理角色和任务分配：定义每一项风险管理活动的人员和责任。

（7）风险识别：识别项目重要的潜在风险,包括确定风险的来源和特征、触发条件等。

（8）风险评估与量化：将已识别的风险进行定性和定量分析,确定哪些风险需要制定应对措施。

（9）风险应对：对每一需要处理的风险制定应对措施,以保证风险得到恰当的处理。

（10）风险影响的确定：确定已识别风险对项目的影响,采取措施使其最小。

（11）风险报告和跟踪：确定如何以文档的方式记录风险识别、评估、量化、应对及影响确定等过程,并规定以何种方式对风险进行监控和跟踪。

上述内容的具体情况可参考本书的相应章节,本章最后提供了风险管理规划的一个案例和一个模板,读者可以参考它们并根据项目的实际情况建立自己的风险管理规划。

5.2.2 风险管理规划应注意的问题

（1）全面考虑项目生命期各阶段的风险,逐步细化和提高。

项目生命期各个阶段发生的主要风险和风险对项目的影响是不同的。在进行风险管理规划时,应从各阶段的典型风险出发,全盘考虑,同时还要充分利用已有的项目风险管理规划模板和类似项目的风险管理经验,进行逐步细化。要注意的是,风险管理中的某些过程,如风险识别,不是一次性的,当出现新的风险和项目出现异常的时候,需要重复进行,这在风险管理规划中应予以体现。

（2）人员和组织。

风险管理规划应明确风险管理人员的角色分配和职责定位。风险管理应该由专门的风险管理人员而不是项目经理来负责。他们往往是"唱反调"的人,不断地识别、评估和跟踪项目不能正常进行的所有因素。

（3）风险管理规划应该保证一定的灵活性。

即使进行最充分的考虑,也不能预料到所有的风险。因此在风险管理规划时,应留有恰当的余地,可以容纳新风险的加入。这就要保证时间、资金、人员上的一定灵活性、计划变更的及时性和有效性等。

第6章

远程宽体客机研制风险因素识别

6.1 远程宽体客机研制风险识别原则与方法

远程宽体客机是民用的航空产品,因其体积庞大,研制涉及的技术复杂,参与研制设计人员庞大,具有研制风险高、项目周期长等特点,远程宽体客机的研制难度急剧增加。鉴于以上原因,远程宽体客机的研制过程中涉及的风险较多,需要有效的方法对研制过程中的风险进行有效识别。

6.1.1 远程宽体客机研制风险识别原则

1. 风险

管理学中对风险的描述是,未来影响组织目标实现的不确定事件的发生。对于这类不确定事件,企业或组织要极力避免其发生,或者针对其发生提前做出相应的准备,也就是风险管理。

不同的学者专家对风险研究的角度不同,风险也就有了不同的解释,具有代表性的观点有以下几种。

1)风险是事件未来可能结果发生的不确定性

由于个体认知能力的局限性和未来发展的不明确性,个体预期的结果与未来实际结果存在一定程度的变动。风险被称为不确定性或事物可能结果的不确定性。

2)风险是损失发生的不确定性

针对损失发生的不确定性主要分为两种观点,一种观点认为损失是无法衡量的,因为风险的发生时间、状况和结果是无法计算的,它是未来发生的事件;另一观点认为风险的发生是可以衡量的。因风险的发生是有客观基础的,通过客观基础是可以通过数理计算其发生的损失的概率的,因此损失是可以衡量的。

3）风险是指可能发生损失的损害程度的大小

损害程度是指风险所引起的实际损失与风险发生前的预期损失之间的差距。当实际损害程度高于预期的损害程度时，企业有可能面临危机。

4）风险是指损失的大小和发生的可能性

此种观点将风险定义为，风险是指在一定条件下和一定时期内，由于各种结果发生的不确定性而导致行为主体遭受损失的大小以及这种损失发生可能性的大小。

2. 风险识别原则

在过去的三十年中，风险科学已经发展成为一个完善的跨学科领域，具有强大的理论和应用基础。风险管理决策可能非常复杂，需要考虑广泛的科学和非科学因素。下面将介绍一些风险识别的原则。

1）预防原则

预防原则反映了风险管理的"安全总比遗憾好"的概念，在风险管理中被广泛引用。科学的不确定性不应排除对可能产生严重甚至灾难性后果的风险进行风险管理干预。预防原则强调具有成本效益的风险管理行动的重要性，这是因为风险管理资源是有限的，用于可能无法实现的风险的支出会消耗本可以用于减少更确定风险的资源。

2）利益和风险的平衡原则

生活中的权衡是不可避免的，许多风险也带来了显著的好处。例如机动车因为道路交通事故每年会造成许多人死亡，以及空气污染等许多其他严重风险，但汽车也为经济和个人带来了巨大的好处，改变了人们的生活方式。当计划的预期风险超过收益，即计划的总体坏处大于好处，就要对计划进行重新考虑。

3）成本效益原则

成本效益原则指风险管理人员考虑配置效率和技术效率，寻求将可用资源用于风险管理，以达到特定的目标，最大限度地减少预期风险。

4）风险承受原则

由于完全消除风险在大多数风险决策环境中是不可实现的，即使在实施了适当的风险管理干预措施之后，某些水平的风险仍将存在。因此对于计划要有适当的风险承受能力。风险评估矩阵是确定风险承受能力常用的方法。风险评估矩阵通过二维矩阵的形式将风险的概率和严重性数值化。

风险识别原则如表6.1所示。

表 6.1 风险识别原则

项　　目	原　　则
远程宽体客机研制风险识别原则	预防原则
	利益风险平衡原则
	成本效益原则
	风险承受原则

6.1.2 远程宽体客机研制风险识别方法

远程宽体客机研制风险管理是远程宽体客机研制过程中的重要组成部分,它所包含的风险因素很多,影响关系错综复杂,有直接的,也有间接的;有明显的,也有隐含的;也可能是难以预料的,而且各风险因素所引起的后果的严重程度也不相同。当进行决策的时候,完全不考虑这些风险因素或是忽略了其中主要因素,都将会导致结果出现偏离。但如果对每个风险因素都加以考虑的话,则又会使问题极其复杂化,因此需要对风险进行识别排序,找到主要风险并制定相对应的计划,这样在风险发生的时候,才不会使企业面临危机。

风险识别的方法有多种,本章只介绍几种常用的风险识别方法。

1. 问卷调查法

问卷调查是针对研究问题,通过表格或者问卷方式收集研究问题的信息。问卷或者表格可分为通用型和特定性两类,通用性问卷对研究问题没有针对性,无法收集主要信息,使用较少。特定型是根据研究问题而设定的表格,针对性较强,能很好地收集有关问题的信息。

2. 专家调查法

专家调查法即德尔菲法,德尔菲法是共识群体方法之一。当经验数据有限或相互矛盾,无法有效做出决策时,可以使用德尔菲方法解决相应问题。

德尔菲方法通过匿名评价的方式减少了权威的影响,能够让个人充分表达意见。然而,在意见高度两极化的情况下,不适合使用德尔菲方法。

对于远程宽体客机研制的风险识别过程中,因其涉及的领域多、风险杂,因而无法使用定量分析的方法。而德尔菲方法就能够解决这个问题。德尔菲方法主要包括以下四个特性。

(1) 匿名性:参与评价人员须在无外界压力的情况下提出意见,评估决策;

(2) 迭代性:允许参与评价人员能够一轮一轮地修改他们的意见;

（3）反馈性：分享评价小组内各参与人员的意见，并允许评价人员阐释或改变他们的意见；

（4）聚合性：数据的定量分析和解释。

3. 头脑风暴法

头脑风暴法是根据研究问题，邀请相关领域的少量专家，通常专家人数为 5～10 人，由专家组成小组，通过会议的形式对研究问题进行讨论分析，每个专家表达自身的观点，最后统一专家组的观点，得到相应的决策。头脑风暴法能快速地收集专家意见，得到解决问题的相应决策，但是此法也容易受到权威专家的影响，可能存在一些专家受权威的影响而不轻易发表自身的观点，或者自身观点被权威影响等情况。

此法的优点是能较快地集中专家们的意见，得出远程宽体客机研制过程中存在的风险识别的结论。该方法的缺点是各专家不易充分发表意见，易受权威人士左右和能言善辩者的影响。

4. 情景分析法

情景分析法始于 20 世纪 40 年代末美国兰德公司在核武器军事上的应用，后被广泛应用。情景分析法是通过有关数字、图表和曲线等进行分析，在对远程宽体客机研制项目进行情景分析时要对研制过程中可能的风险进行过滤，从而找出引起远程宽体客机研制项目风险的关键因素。

5. 层次分析法

层次分析法（analytic hierarchy process，AHP）是一种多准则决策方法。层次分析法将定性与定量方法相结合，具有灵活简便的优点，因而在各个领域得到广泛的重视与应用。远程宽体客机研制风险识别管理可采用层次分析法确定可识别风险的主观重要程度和风险指标体系中各个风险的主观权重，从而进行评价。

6.2　远程宽体客机研制潜在风险因素

远程宽体客机研制过程中涉及的风险种类多，主要涉及的风险可归为以下几类。

1. 研制技术风险

远程宽体客机研制的技术问题是远程宽体客机研制项目的基本问题，也是核心问题。研制技术风险是指由于研制过程中某个或某些技术原因，在远程宽体客机研制过程中出现的风险。研制技术风险会影响远程宽体客机研制项目的进展，是远程宽体客机研制过程中面临的主要风险之一。

（1）效果风险。远程宽体客机在研制过程中，会使用到新技术进行替换，然而新技术的完善性与未来的可发展性并不确定，研制的远程宽体客机会面临风险。

（2）周期风险。由于技术发展迭代速度较快，研制过程使用的技术有可能在短时间内被取代,而当新技术迭代的速度比预期快时,现有技术将承受提前迭代的损失。

(3)支撑技术风险。一项新技术的出现会有一系列的配套技术的支撑。新技术的出现可能会受限于现有的技术水平而无法实现。

(4)知识产权风险。在客机的研制过程中,将知识转化为生产力的过程中会有知识产权的问题。知识产权涉及的风险有两种:侵权风险与泄密风险。侵权风险是指由于信息不对称造成的侵权风险。泄密风险是指在客机的研制过程中所需的必要合作而造成的技术泄露。

(5)技术成熟度风险。技术成熟度风险是指将科技成果转化为产品的产业化实用程度。远程宽体客机作为民用的航空产品,所需要的技术高度复杂,研制过程中涉及的新技术会给研制项目带来巨大的风险。然而为了使远程宽体客机具有更好的性能,又必须使用新技术进行更新换代,因此技术成熟度风险的风险就格外重要。

(6)技术安全风险。由于国内的飞机设计研制水平与国际水平有差距,因此在远程宽体客机的研制过程中,由于核心技术难以突破,选择材料不合理等问题对远程宽体客机的安全性会造成影响。

2. 研制管理风险

研制管理风险是指在远程宽体客机研制过程中的计划、协调、控制等管理混乱而造成的风险。

(1)组织管理风险。由于远程宽体客机研制过程中管理组织结构不合理而造成的风险。远程宽体客机研制过程中以技术为主,会忽略组织架构的合理性,不合理的组织结构不仅不能提高研制的效率,还会严重阻碍研制项目的进程。

(2)决策管理风险。在远程宽体客机的研制过程中,由于管理人员的经验不足,或者管理人员所具有的知识背景不同,而造成的决策失误。

(3)计划管理风险。远程宽体客机的研制是一个涉及多领域的复杂过程,该过程需要一个针对研究费用、项目进度、技术安全风险等方面有一个详细的计划,不合理的计划会使研制过程面临风险。

(4)协调控制管理风险。远程宽体客机研制过程中,对研制进度和生产过程协调不适而引起的风险。

3. 研制人力资源风险

远程宽体客机的研制过程中需要新技术的出现,新技术的出现是要由相关领域的技术人员承担的,由于远程宽体客机研制周期长、技术要求高等特点,会给研究人员带来较大的工作压力,从而导致的人才资源流失问题。

(1)人力资源流动性风险。由于研制过程中,多种原因导致的人才离开而使项目进度推迟的风险。

（2）人力资源的责任心和能力风险。在远程宽体客机研制过程中参与研制的人员由于缺乏足够的责任心或者能力不足而引起的风险。

4. 研制供应风险

研制供应风险是指远程宽体客机研制过程中原材料供应和物流运输带来的风险。

（1）原材料供应风险。原材料带来的风险主要是原材料质量问题,质量问题包括质量达不到要求的标准;原材料的环保不符合项目规定等问题。

（2）物流供应风险。物流供应风险是指某些原料因为运输的问题而无法及时提供,对项目的进度产生影响的风险。

5. 研制资金风险

远程宽体客机的研制过程中需要庞大的实验经费,庞大的实验经费会给企业组织带来资金的压力,从而引起的一系列风险。

（1）投资风险。巨大的研发成本,漫长的研发周期在远程宽体客机的研制过程中会给企业带来巨大的资金压力。若是项目进展不顺,将有可能给整个企业带来危机。

（2）成本研制管理风险。远程宽体客机研制过程中涉及的领域数量较多,没有合适的成本管理机制,会造成大量的浪费,增加远程宽体客机研制的压力。

6. 研制适航风险

研制适航风险是指在客机运行过程中,客机某方面出现不符合适航要求的风险。研制适航风险主要包括以下五个方面:

（1）适航条款风险;

（2）设计符合性验证风险;

（3）制造符合性风险;

（4）持续性研制适航风险;

（5）适航取证风险。

7. 研制市场风险

远程宽体客机研制后需要有客户群体。市场风险是指研制的远程宽体客机市场定位,市场开拓不清晰不准确而引起的风险。

（1）市场定位风险。由于市场分析定位不准确,即定位过高或过低而导致销售迟滞的风险。

（2）市场开拓风险。由于旅客感受不好,不愿意购买消费而造成的用户购买意愿下降的风险。

8. 不可预风险

研制过程不可预见的风险。不可预见的风险是指研制或者制造阶段发生重大的颠覆性事故等问题而引起的风险,是研制过程中认为无法预见的。

各类风险因子情况汇总如表 6.2 所示。

表 6.2　各类风险因子情况汇总表

目　标	一　级　指　标	二　级　指　标
远程宽体客机研制风险	研制技术风险	效果风险
		周期风险
		支撑技术风险
		知识产权风险
		技术成熟度风险
		技术安全风险
	研制管理风险	组织管理风险
		决策管理风险
		计划管理风险
		协调控制管理风险
	研制人力资源风险	人力资源流动性风险
		人力资源的责任心和能力风险
	研制供应风险	原材料供应风险
		物流供应风险
	研制资金风险	投资风险
		成本研制管理风险
	研制适航风险	适航条款风险
		设计符合性验证风险
		制造符合性风险
		持续性研制适航风险
		适航取证风险
	研制市场风险	市场定位风险
		市场开拓风险
	不可预风险	研制过程不可预见的风险

6.3　远程宽体客机研制风险实证评价

6.3.1　风险评估方法的选择

　　能够识别远程宽体客机研制风险因素的方法有多种,本章节使用层次分析法(AHP)识别远程宽体客机研制的风险。AHP 是一种在多标准决策中提取和量化主观判断的可靠、严谨的方法。AHP 提供了一个全面的逻辑框架来量化层次结构中的每个结构决策元素。AHP 从选择决策标准开始,然后根据选定的标准对备选方案进行评估。AHP 使用决策标准之间的两两比较,并遵循同质性、依赖性和期望原则来优先考虑每个标准。层次分析法是一种基于数学和心理学的技术,用于组织和解决复杂的决策问题。层次分析法流程图如图 6.1 所示。

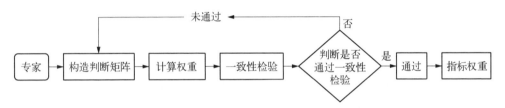

图 6.1　层次分析法流程图

6.3.2　利用层次分析法确定主要风险

　　1. 层次分析法计算权重的步骤

　　1）构造判断矩阵

　　构建判断矩阵是层次分析法的重要步骤。根据标度法(1~9 等级标度)将风险 x_i 和 x_j 进行两两比较,用数值对不同风险的重要程度进行量化,从而得到判断矩阵。判断矩阵的标度及其含义如表 6.3 所示。

表 6.3　判断矩阵标度及其含义

标　　　度	含　　　义
1	x_i 和 x_j 相比,具有同等重要性
3	x_i 和 x_j 相比, x_i 比 x_j 稍微重要
5	x_i 和 x_j 相比, x_i 比 x_j 明显重要

标　　度	含　　义
7	x_i 和 x_j 相比，x_i 比 x_j 强烈重要
9	x_i 和 x_j 相比，x_i 比 x_j 极端重要
2、4、6、8	分别为上述判断的中间值

2）计算权重

首先计算判断矩阵的最大特征根 $\lambda_{\max}$ 和特征向量 W，通过特征向量 W 归一化处理，就是所求指标的权重，计算公式如下：

$$\lambda_{\max} = \sum_{i=1}^{n} \frac{(AW)_i}{nW_i} \tag{6.1}$$

3）一次性检验

在得到特征向量和最大特征值后，要进行一致性检验，当通过一致性检验的时，特征向量才能称为权重。一致性指标 CI 和检验系数 CR 计算公式如下：

$$CI = \frac{\lambda_{\max}}{m-1} \tag{6.2}$$

其中，m 为判断矩阵的阶数；CI 为一致性评价指标。

$$CR = \frac{CI}{RI} \tag{6.3}$$

其中，RI 为查询到的阶数标准值，如表 6.4 所示。当 $CR \leqslant 0.1$ 时，构造的判断矩阵一致性较好；否则说明判断矩阵没有通过一致性检验，需要重新调整判断矩阵再次计算。

表 6.4　随机一致性指标 RI

阶数	1	2	3	4	5	6	7	8	9
RI	0	0	0.52	0.9	1.12	1.24	1.32	1.45	1.49

4）层次排序

在本章计算中，只通过一级风险权重确定远程宽体客机研制的主要风险。在后面章节中会考虑二级风险权重对主要风险进行重要性识别。

2. 一级风险权重计算

通过邀请相关领域的专家、教授等组成专家组,专家组经过认真讨论分析后,最终得到判断矩阵,如表 6.5 所示。

表 6.5　判断矩阵

	研制技术风险	研制管理风险	研制人力资源风险	研制供应风险	研制资金风险	研制适航风险	研制市场风险	不可预风险
研制技术风险	1	1	3	3	3	5	5	5
研制管理风险	1	1	3	3	3	5	5	5
研制人力资源风险	1/3	1/3	1	1	1	3	3	3
研制供应风险	1/3	1/3	1	1	1	3	3	3
研制资金风险	1/3	1/3	1	1	1	3	3	3
研制适航风险	1/5	1/5	1/3	1/3	1/3	1	1	1
研制市场风险	1/5	1/5	1/3	1/3	1/3	1	1	1
不可预风险	1/5	1/5	1/3	1/3	1/3	1	1	1

通过式(6.1)计算得到矩阵的权重值,如表 6.6 所示。

表 6.6　一级风险权重值

一级风险因子	权重
研制技术风险	0.268 247
研制管理风险	0.268 247
研制人力资源风险	0.111 466
研制供应风险	0.111 466
研制资金风险	0.111 466
研制适航风险	0.043 037
研制市场风险	0.043 037
不可预风险	0.043 037

由权重值可得到各风险的权重值排序：研制技术风险（0.268）= 研制管理风险（0.268）>研制人力资源风险（0.11）= 研制供应风险（0.11）= 研制资金风险（0.11）>研制适航风险（0.043）= 研制市场风险（0.043）= 不可预风险（0.043）。

通过最大特征根方程计算得到最大特征根为

$$\lambda_{\max} = \sum_{i=1}^{n} \frac{(AW)_i}{nW_i} = 6.077\,022$$

通过式（6.2）和式（6.3）计算有

$$CI = \frac{\lambda_{\max} - m}{m - 1} = 0.013\,93$$

$$CR = \frac{CI}{RI} = 0.009\,879 < 0.1$$

因此判断矩阵符合一致性要求，一级风险重要性指标可接受。

在远程宽体客机研制风险因素中，最主要的风险因素是研制技术风险和研制管理风险；其次是研制人力资源风险、研制供应风险和研制资金风险；最后是研制适航风险、研制市场风险和不可预风险。这说明在远程宽体客机的研制过程中，风险管理人员应该着重注意研制技术风险和研制管理风险，这两个风险在远程宽体客机的研制过程中会占据重要地位，如果没有做好相应的风险管理，当这两类风险发生的时候，可能会对研制项目造成严重影响。

第7章

远程宽体客机研制风险评估

7.1 远程宽体客机研制风险评估指标体系建立

7.1.1 指标体系的建立

远程宽体客机研制项目从立项到完成的全生命周期中面临的风险,主要分为研制技术风险、研制管理风险、研制人力资源风险、研制供应风险、研制资金风险和研制适航风险。其中研制技术风险由于技术原因造成的风险,包括效果风险、周期风险、支撑技术风险、知识产权风险、技术成熟度风险和技术安全风险。研制管理风险指在研制过程中,企业管理决策、管理者管理水准和基本素养等出现问题而造成的风险,包括组织管理风险、决策管理风险、计划管理风险和协调控制管理风险。研制人力资源风险是由于研制的全生命周期中相关人员流动和能力而造成的风险,包括人力资源流动性风险、人力资源的责任心和能力风险。研制供应风险指远程宽体客机研制中供应链上下游的协调出现问题而造成的风险,包括原材料供应风险、物流供应风险、供应商入库风险、供应商付款风险、供应商生产制造风险。研制资金风险指由于研制期间资金供应出现问题而造成的风险,包括投资风险、成本研制管理风险。最后的研制适航风险是在航线中可能出现的风险,包括适航条款风险、设计符合性验证风险、制造符合性风险、持续性研制适航风险和适航取证风险。具体的远程宽体客机研制风险评估指标体系具体如表 7.1 所示。

7.1.2 数据收集

本次评估主要以调查问卷的方式作为数据来源和取数方式,通过向专家收集调查问卷获取评估数据,并通过访谈调研等方式获取数据,并对相关数据和表 6.2 中的指标进行分析,得到新的指标体系。

表 7.1 远程宽体客机研制风险评估指标体系

一 级 指 标	序 号	二 级 指 标
研制技术风险	1	效果风险
	2	周期风险
	3	支撑技术风险
	4	知识产权风险
	5	技术成熟度风险
	6	技术安全风险
研制管理风险	1	组织管理风险
	2	决策管理风险
	3	计划管理风险
	4	协调控制管理风险
研制人力资源风险	1	人力资源流动性风险
	2	人力资源的责任心和能力风险
研制供应风险	1	原材料供应风险
	2	物流供应风险
	3	供应商入库风险
	4	供应商付款风险
	5	供应商生产制造风险
研制资金风险	1	投资风险
	2	成本研制管理风险
研制适航风险	1	适航条款风险
	2	设计符合性验证风险
	3	制造符合性风险
	4	持续性研制适航风险
	5	适航取证风险

考虑到定性指标能准确和直观地反映出评估者的感受与评估,本次评估将问卷选项设置为九级指标,即类似"极其不满意""非常不满意""不满意""有点不满意""一般""有点满意""满意""非常满意""极其满意"。因为评估方法的数据输入是定量数据,因此,需要将收集到的问卷数据根据表 7.2 转换成相应的犹豫模糊语言术语,得到每项任务的原始犹豫模糊语言术语集的数据。

表 7.2　犹豫模糊语言术语集转换表

语 言 变 量	犹豫模糊语言术语	语 言 变 量
极其不重要	s_{-4}	极其不满意
非常不重要	s_{-3}	非常不满意
不重要	s_{-2}	不满意
有点不重要	s_{-1}	有点不满意
一般	s_0	一般
有点重要	s_1	有点满意
重要	s_2	满意
非常重要	s_3	非常满意
极其重要	s_4	极其满意

7.2　远程宽体客机研制风险评估模型与步骤

基于犹豫模糊语言投影算法对远程宽体客机研制风险进行评估研究。首先,获取远程宽体客机研制风险指标集的两两比较矩阵;其次,为了得到相关的所有指标的权重,使用误差分析的相关方法,对数据进行进一步的处理;最后对各远程宽体客机研制风险进行评估。具体步骤如下。

7.2.1　确定所有的评估指标

在进行评估之前必须确定各个评估指标的权重。根据各评估指标对评估目的的相对重要程度的不同给每个评估指标赋予一个相应的权重。基于远程宽体客机研制风险评估的基本指标部分所构建的 L 个方面和 $C = \{C_q \mid q = 1, 2, \cdots, M\}$ 项细化指标的远程宽体客机研制风险评估指标体系,假设有 $G = \{G_p \mid p = 1, 2, \cdots, N\}$ 个研制风险,综合考虑各远程宽体客机研制风险的评级,由专家对各项分解任务进行评级。

7.2.2 确定远程宽体客机研制风险的偏好关系矩阵

获取各远程宽体客机研制风险指标集的两两比较矩阵。邀请远程宽体客机研制研究领域的专家评估人员针对远程宽体客机研制风险的指标集进行评估,并对各专家评估人员意见进行汇总,获得所有指标集互相比较矩阵,并用犹豫模糊术语的方式表示,进一步得到偏好关系矩阵,该矩阵是以犹豫模糊术语的方式呈现的,即可用以下方式进行表示为 $R = (r_{qq})_{M \times M}$：

$$R = \begin{bmatrix} r_{11} & r_{12} & \cdots & r_{1M} \\ r_{21} & r_{22} & \cdots & r_{2M} \\ \vdots & \vdots & \ddots & \vdots \\ r_{M1} & r_{M2} & \cdots & r_{MM} \end{bmatrix}_{M \times M} \tag{7.1}$$

7.2.3 基于犹豫模糊语言误差分析确定指标权重

定义 1：犹豫模糊语言元素 $\gamma = \{\gamma^l \mid l = 1, 2, \cdots, L^{(\gamma)}\}$,对于 $l \in \{1, 2, \cdots, L^{(\gamma)}\}$ 有 $\gamma^+ = \max(\gamma^l)$, $\gamma^- = \min(\gamma^l)$,基于误差分布的形式对 γ 进行如下表达：

$$\gamma = \bar{\gamma} \oplus \Delta\gamma \text{ 或 } \gamma = \bar{\gamma} \odot \Delta\gamma \tag{7.2}$$

其中,$\bar{\gamma} = \dfrac{1}{L^{(\gamma)}} \underset{\gamma^l \in \gamma}{\oplus} \gamma^l$；$\Delta\gamma = \dfrac{1}{2}(\gamma^+ \oplus \gamma^-)$。

借助标准值的绝对偏差,参考误差分布的属性特点,中位数权重向量可被获得,以进行下一步的计算：

$$\dot{R} = \bar{R} \oplus \Delta\dot{R}, \ \dot{R} = \bar{R} \odot \Delta\dot{R} \tag{7.3}$$

其中,$\bar{R} = (\bar{\gamma}_{qs})_{M \times M}$；$\Delta\dot{R} = (\Delta\bar{\gamma}_{qs})_{M \times M}$；$\bar{\gamma}_{qs} = \dfrac{1}{L_{qs}} \underset{\gamma_{qs}^l \in \gamma_{qs}}{\oplus} \gamma_{qs}^l$；$\Delta\gamma_{qs} = \dfrac{1}{2}(\gamma_{qs}^+ \oplus \gamma_{qs}^-)$。

计算每个远程宽体客机研制风险指标与其余指标相比的平均优势,即平均评估值：

$$\gamma_q = \dfrac{1}{M} \left(\underset{s=1}{\overset{M}{\oplus}} \bar{\gamma}_{qs} \right); \ q = 1, 2, \cdots, M \tag{7.4}$$

某一指标与其他一指标之间的偏好关系,与平均评估值之间的距离,可以通过绝对偏差矩阵 $\dot{R} = (\dot{\gamma}_{qs})_{M \times M}$ 进行计算来表示其距离：

$$\dot{\gamma}_{qs} = |\ \bar{\gamma}_{qs} \odot \gamma_q\ |\ ;\ q,\ s = 1,\ 2,\ \cdots,\ M \tag{7.5}$$

各远程宽体客机研制风险指标下,根据得到的每行的绝对偏差,对其进行加和计算整理,所有指标的重要程度可以进一步获得。并且,计算步骤可以侧面反映相关数值的关系,即重要程度,是关于绝对偏差总和和所有远程宽体客机研制风险指标之间的,存在正比的关系,数值较大的绝对偏差总和,指标的重要程度也更大,反而言之,程度越低。

各指标中位数权重向量为 $\bar{\omega}_q = [\ \bar{\omega}_1,\ \bar{\omega}_2,\ \cdots,\ \bar{\omega}_M\ ]^{\mathrm{T}}$:

$$\bar{\omega}_q = \frac{\sum\limits_{s=1}^{M} I(\dot{\gamma}_{qs})}{\sum\limits_{q=1}^{M} \sum\limits_{s=1}^{M} I(\dot{\gamma}_{qs})}\ ;\ q = 1,\ 2,\ \cdots,\ M \tag{7.6}$$

其中,$I(\dot{\gamma}_{qs})$ 为 $\dot{\gamma}_{qs}$ 的下标。

通过上面的公式,采用指标中位数权重向量的方法,是有优势的,即将对每一个指标的数据做了二次转化,充分使用了原始数据的价值,对原始信息保持真实科学,使得结果更加可靠和高效,具有更高的可说服性。

定义 2:设 $Y = \{y_1,\ y_2,\ \cdots,\ y_n\}$ 是一组随机变量。一个随机函数由 $z = f(y_1,\ y_2,\ \cdots,\ y_n)$,$y_i \in Y$ 给出,假设变量 y_i 的随机误差为 $\sigma_{y_i}^2$,则 z 的随机误差为

$$\sigma_z^2 = \sum_{i=1}^{n} \left(\frac{\partial f}{\partial y_i}\right)^2 \sigma_{y_i}^2 + 2 \sum_{1 \leq i < j \leq n} \frac{\partial f}{\partial y_i} \frac{\partial f}{\partial y_j} \rho_{ij} \sigma_{y_i} \sigma_{y_{ij}} \tag{7.7}$$

其中,ρ_{ij} 是相关系数。并且 $\rho_{ij} = 0$ 时,针对 $i,\ j = 1,\ 2,\ \cdots,\ n$ 这些情况,即变量 $y_i (i = 1,\ 2,\ \cdots,\ n)$,其随机误差发现是相互之间存在独立关系的,那么进一步式(7.7)可简化为以下形式:

$$\sigma_z^2 = \sum_{i=1}^{n} \left(\frac{\partial f}{\partial y_i}\right)^2 \sigma_{y_i}^2 \tag{7.8}$$

应用在现实中,与标准随机的误差 $\sigma_{y_i}(i = 1,\ 2,\ \cdots,\ n)$ 相比,其误差的范围 $\Delta y_i (i = 1,\ 2,\ \cdots,\ n)$ 可以很容易被提出。因此式(7.8)可表示为

$$(\Delta z)^2 = \sum_{i=1}^{n} \left(\frac{\partial f}{\partial y_i}\right)^2 (\Delta y_i)^2 \tag{7.9}$$

根据误差传递式(7.7)~式(7.9),进而得出:

$$\Delta[I(\bar{\gamma}_{qs})]^2 = \frac{1}{\left[\sum\limits_{t=1}^{M} I(\bar{r}_{ts})\right]^4} \left\{ I(\Delta r_{qs})^2 \left[\sum\limits_{\substack{t=1 \\ t \neq i}}^{M} I(\bar{r}_{ts})\right]^2 + I(\bar{r}_{qs})^2 \left[\sum\limits_{\substack{t=1 \\ t \neq i}}^{M} I(\Delta r_{ts})^2\right] \right\}$$

$$\tag{7.10}$$

其次,根据以上内容,进一步,犹豫的模糊语言环境下,指标权重的误差可以表示为

$$\Delta \overline{\varpi}_q^2 = \frac{1}{\left[\sum_{\substack{t=1}}^{M} \sum_{s=1}^{M} \left| I\left(\bar{\gamma}_{ts} - \frac{1}{M} \right) \right| \right]^4} \left\{ \left[\sum_{\substack{t=1 \\ t \neq i}}^{M} \sum_{s=1}^{M} \left| I\left(\bar{\gamma}_{ts} - \frac{1}{M} \right) \right| \right]^2 \sum_{s=1}^{M} \Delta \left[I(\bar{\gamma}_{qs}) \right]^2 \right.$$

$$\left. + \left[\sum_{s=1}^{M} \left| I(\bar{\gamma}_{qs}) - \frac{1}{M} \right| \right]^2 \sum_{\substack{t=1 \\ t \neq i}}^{M} \sum_{s=1}^{M} \Delta \left[I(\bar{\gamma}_{ts}) \right]^2 \right\}$$

$$(7.11)$$

确定远程宽体客机研制风险指标偏好关系的区间权重向量:

$$\tilde{\omega}_q = [\tilde{\omega}_q^-, \tilde{\omega}_q^+] = [\max\{ \bar{\omega}_q - \Delta\bar{\omega}_q, 0 \}, \min\{ \bar{\omega}_q + \Delta\bar{\omega}_q, 1 \}]; \quad q = 1, 2, \cdots, M$$

远程宽体客机研制风险指标重要程度的范围可以通过上式进行表示。同时考虑中位数权重与权重误差以及其关系,各远程宽体客机研制风险评估时,所有指标范围上的权重向量可以被获得,进一步,科学准确地得到其权重误差这项指标数值。

进一步,针对区间权重向量 $\tilde{\omega}_q$,采用可能性度公式进行表示,以备后续使用:

$$p_{qs}(\tilde{\omega}_q \geq \tilde{\omega}_s) = \max\left\{ 1 - \max\left(\frac{\tilde{\omega}_s^+ - \tilde{\omega}_q^-}{\tilde{\omega}_q^+ - \tilde{\omega}_q^- + \tilde{\omega}_s^+ - \tilde{\omega}_s^-}, 0 \right), 0 \right\} \quad (7.12)$$

根据式(7.12)得到的结果,可以发现,可能性度矩阵 $P = (p_{qs})_{M \times M}$ 的下述条件需要被满足:

$$p_{qs} \geq 0, \ p_{qs} + p_{sq} = 1, \ p_{qq} = 0.5; \quad q, s = 1, 2, \cdots, M \quad (7.13)$$

由式(7.14)对标准权重进行求解:

$$\omega_q = \frac{1}{M(M-1)} \left(\sum_{s=1}^{M} p_{qs} + \frac{M}{2} - 1 \right), \quad q = 1, 2, \cdots, M \quad (7.14)$$

7.2.4 正理想解 G^+ 和负理想解 G^- 的求解

定义 3:令 $I:S \to [-\tau, \tau]$ 表示 S 的变化范围为 $[-\tau, \tau]$,由此一来 $I(s_\nu) = \nu$,其中 $s_\nu \in S$,那么便有反函数 $I^{-1}:[-\tau, \tau] \to S$,进而有 $I^{-1}(\nu) = s_\nu$,其中 $\forall \nu \in [-\tau, \tau]$。

以上的定义可进一步得到 $I(r_{pq}^l)$,其中 $l = 1, 2, \cdots, L_{pq}^{(r)}$ 为犹豫模糊元素 $r_{pq}^l (l = 1, 2, \cdots, L_{pq}^{(r)})$ 的下角标符号,因此,犹豫模糊语言元素进一步可以被表示为 $[0, 1]$ 之间的标准化后的数值:

$$V(r_{pq}^l) = \frac{|I(r_{pq}^l)|}{2\tau} \in [0, 1] \quad (7.15)$$

根据式(7.14)和式(7.15)可以得出每个远程宽体客机研制风险评估向量的模：

$$| G_p | = \sqrt{\sum_{q=1}^{M} \left[\frac{\omega_q}{L_{pq}^{(r)}} \sum_{l=1}^{L_{pq}^{(r)}} \left[V(r_{pq}^l) \right]^2 \right]} \tag{7.16}$$

采用犹豫模糊语言环境中的犹豫模糊语言正理想解 $G^+ = \{ r_1^+, r_2^+, \cdots, r_M^+ \}$ 与负理想解 $G^- = \{ r_1^-, r_2^-, \cdots, r_M^- \}$ 进行各远程宽体客机研制风险的评估，其正负理想解如公式所示：

$$r_q^+ = \begin{cases} \max\limits_{p=1, 2, \cdots, N} r_{pq}^+, & C_q \text{ 为效益型属性} \\ \min\limits_{p=1, 2, \cdots, N} r_{pq}^-, & C_q \text{ 为成本型属性} \end{cases} ; q = 1, 2, \cdots, M$$

$$r_q^- = \begin{cases} \max\limits_{p=1, 2, \cdots, N} h_{pq}^-, & C_q \text{ 为效益型属性} \\ \min\limits_{p=1, 2, \cdots, N} h_{pq}^+, & C_q \text{ 为效益型属性} \end{cases} ; q = 1, 2, \cdots, M \tag{7.17}$$

7.2.5　正理想分离矩阵和负理想分离矩阵的求解

上述公式可辅助得到相关数值，即余弦相似度，是所有远程宽体客机研制风险评估向量，与犹豫模糊语言正理想解 G^+ 之间的：

$$
\begin{aligned}
\cos(G_p, G^+) &= \frac{\sum_{q=1}^{M} \left(\frac{\omega_q}{L_{pq}^{(h)}} \sum_{l=1}^{\#L_{pq}} \left\{ V(r_{pq}^l) V\left[(r_q^l)^+ \right] \right\} \right)}{| G_p | | G^+ |} \\[2mm]
&= \frac{\sum_{q=1}^{M} \left(\frac{\omega_q}{L_{pq}^{(r)}} \sum_{l=1}^{\#L_{pq}} \left\{ \frac{| I(r_{pq}^l) |}{2\tau} \frac{| I[(r_q^l)^+] |}{2\tau} \right\} \right)}{\left[\sum_{q=1}^{M} \left\{ \frac{\omega_q}{L_{pq}^{(h)}} \sum_{l=1}^{\#L_{pq}} \left[\frac{I(r_{pq}^l)}{2\tau} \right]^2 \right\} \cdot \sum_{q=1}^{M} \left(\frac{\omega_q}{L_{pq}^{(r)}} \sum_{l=1}^{\#L_{pq}} \left\{ \frac{I[(r_q^l)^+]}{2\tau} \right\}^2 \right) \right]^{\frac{1}{2}}} \\[2mm]
&= \frac{\sum_{q=1}^{M} \left(\frac{\omega_q}{L_{pq}^{(r)}} \sum_{l=1}^{\#L_{pq}} \left\{ \left| I(r_{pq}^l) \right| \left| I\left[(r_q^l)^+ \right] \right| \right\} \right)}{\left[\sum_{q=1}^{M} \left\{ \frac{\omega_q}{L_{pq}^{(r)}} \sum_{l=1}^{\#L_{pq}} \left[I(r_{pq}^l) \right]^2 \right\} \cdot \sum_{q=1}^{M} \left(\frac{\omega_q}{L_{pq}^{(r)}} \sum_{l=1}^{\#L_{pq}} \left\{ I\left[(r_q^l)^+ \right] \right\}^2 \right) \right]^{\frac{1}{2}}}
\end{aligned}
\tag{7.18}
$$

其中，$| G^+ | = \sqrt{\sum_{q=1}^{M} \left(\frac{\omega_q}{L_q^+} \sum_{l=1}^{L_q^+} \left\{ V\left[(r_q^l)^+ \right] \right\}^2 \right)}$。同理可以计算出每个远程宽

体客机研制风险评估向量与负理想解 $G^- = \{r_1^-, r_2^-, \cdots, r_M^-\}$ 之间的余弦相似度 $\cos(G_p, G^-)$。其中,犹豫模糊语言元素 r_{pq} 和 r_q^+ 中长度最大数值为 $\#L_{pq}$,即 $\#L_{pq} = \max\{L_{pq}^{(r)}, L_q^+\}$,这里用到相关的方法,即把较小长度的元素长度,进一步转换为较长长度的元素。

例如 $\#L_{pq} = \max\{3, 2\} = 3$,其中 $r_q^+ = \{s_2, s_3\}$ 在计算时则相应变换为 $r_q^+ = \{s_2, s_3, s_3\}$。

两个理想分离矩阵表述为正矩阵 Y^+ 和负矩阵 Y^-:

$$Y^+ = \begin{bmatrix} \cos(G_1, G^+) \\ \cos(G_2, G^+) \\ \vdots \\ \cos(G_N, G^+) \end{bmatrix}, \quad Y^- = \begin{bmatrix} \cos(G_1, G^-) \\ \cos(G_2, G^-) \\ \vdots \\ \cos(G_N, G^-) \end{bmatrix} \tag{7.19}$$

7.2.6 评估向量在正理想解和与负理想解上投影的计算

计算出每个远程宽体客机研制风险的评估向量 G_p 在正理想解 $G^+ = \{r_1^+, r_2^+, \cdots, r_M^+\}$ 和与负理想解 $G^- = \{r_1^-, r_2^-, \cdots, r_M^-\}$ 上的投影,即为 $\text{Prj}_{G^+} G_p$ 和 $\text{Prj}_{G^-} G_p$ 的值。

由于向量的特点,向量的模,包括大小和一定的方向,而 $\cos(G_p, G^+)$,仅表示出两个元素 G_p 和 G^+ 相似性度量,还是在一定的方向上,向量的模的大小并没有做出讨论。G_p 和 G^+ 的相似度需要进一步科学标准的表示,投影的思想可以引入,以进行表示,具体如下:

$$\begin{aligned} \text{Prj}_{G^+} G_p &= |G_p| \cos(G_p, G^+) \\ &= |G_p| \frac{\sum_{q=1}^{M} \left(\frac{\omega_q}{L_{pq}^{(r)}} \sum_{l=1}^{\#L_{pq}} \left\{ V(r_{pq}^l) V\left[(r_q^l)^+ \right] \right\} \right)}{|G_p| |G^+|} \end{aligned} \tag{7.20}$$

根据投影的特点可知其中 $\text{Prj}_{G^+} G_p$ 的值越大,表明 G_p 和 G^+ 之间的差距越小,进而说明某远程宽体客机的研制风险 G_p 越优。但也需结合负理想解 G^- 上的投影值来综合考量此远程宽体客机研制风险 G_p 的综合水平。

7.2.7 远程宽体客机研制风险评估

计算每个远程宽体客机研制风险水平,进一步得到综合评估得分,可以对其进行顺序排列。

定义 4:令 $\hat{V}_p$ 为某远程宽体客机研制风险水平的综合评估值,经以下公式得出：

$$\hat{V}_p = \alpha \cdot \mathrm{Prj}_{G+} G_p - (1 - \alpha) \cdot \mathrm{Prj}_{G-} G_p \qquad (7.21)$$

其中，$\alpha(0 \leqslant \alpha \leqslant 1)$ 表示各远程宽体客机研制风险水平偏好程度，是相对于正理想解和负理想解上的。$\hat{V}_p$ 的值越大，意味表示该远程宽体客机研制风险 G_p 的级别接近正理想解 G^+，与此同时，距离负理想解 G^- 较远，所以，越大的 $\hat{V}_p$ 的值表明该远程宽体客机研制风险级别 G_p 较高，越需要予以重视。

7.3　远程宽体客机研制风险实证评估

7.3.1　评价过程

本次评估对象包括对远程宽体客机研制风险的评估，确定了研制技术风险、研制管理风险、研制人力资源风险、研制供应风险、研制资金风险和研制适航风险六大一级指标以及其下的各项二级指标。由相关领域的专家组成的评估小组给出各级指标的判断矩阵，根据犹豫语言模糊术语集误差分析方法来确定各指标的权重，通过正负理想解之间的余弦相似度来计算各个远程宽体客机研制风险的综合评估值。具体评估过程如下。

步骤 1：根据各专家评估人员意见进行汇总，所有风险指标集两两比较矩阵通过整理可以获得，进一步，用犹豫模糊术语形式进行表示，从而令偏好关系矩阵 $R = (r_{qq})_{24 \times 24}$ 可以以犹豫模糊术语的方式被表示呈现和获得。

步骤 2：根据式(7.2)~式(7.14)计算得到各一级指标的权重如表 7.3 所示，各项二级指标的权重如表 7.4 所示。

表 7.3　远程宽体客机研制风险一级指标权重

研制风险一级指标	A	B	C	D	E	F
权　重	0.21	0.17	0.12	0.27	0.10	0.13

表 7.4　研制技术风险二级指标权重

研制技术风险二级指标	A1	A2	A3	A4	A5	A6
权　重	0.20	0.25	0.15	0.20	0.05	0.15

续　表

研制管理风险二级指标	B1		B2		B3	B4
权　重	0.40		0.24		0.16	0.20
研制人力资源风险二级指标		C1			C2	
权　重		0.53			0.47	
研制供应风险二级指标	D1	D2	D3		D4	D5
权　重	0.23	0.25	0.17		0.18	0.17
研制资金风险二级指标		E1			E2	
权　重		0.46			0.54	
研制适航风险二级指标	F1	F2	F3		F4	F5
权　重	0.14	0.24	0.05		0.18	0.39

步骤 3：根据式（7.15）~式（7.17），进一步得到各远程宽体客机研制风险指标的正理想解 G^+ 和负理想解 G^-。

采用犹豫模糊语言环境中的犹豫模糊语言正理想解 $G^+ = \{r_1^+, r_2^+, \cdots, r_M^+\}$ 与负理想解 $G^- = \{r_1^-, r_2^-, \cdots, r_M^-\}$ 进行各远程宽体客机研制风险的评估，其正负理想解如表 7.5 所示。

表 7.5　远程宽体客机研制风险指标的正理想解和负理想解

指　　标	正 理 想 解	负 理 想 解
A	0.965	0.049
B	1.252	0.131
C	0.991	0.034
D	1.256	0.150
E	0.588	0.288
F	1.353	0.007

步骤 4：根据式（7.18）和式（7.19），计算正负理想分离矩阵 Y^+ 和 Y^-。

步骤5：根据式(7.20)，计算评估向量 G_p 在 G^+ 和 G^- 上的投影 $\mathrm{Prj}_{G^+}G_p$ 和 $\mathrm{Prj}_{G^-}G_p$。

步骤6：根据式(7.21)，计算六个远程宽体客机研制风险的综合评估值 $\hat{V}_p$，如表7.6所示。

表7.6　远程宽体客机研制风险指标综合评估值

指　　　标	综 合 评 估 值
研制技术风险	0.166 1
研制管理风险	0.029 2
研制人力资源风险	0.004 2
研制供应风险	0.159 5
研制资金风险	0.107 3
研制适航风险	0.074 8

7.3.2　结果分析

根据表7.5的结果可知，远程宽体客机研制风险六个指标的综合评估值各不相同，本书将综合评估值>0.1的列为一级风险，0.1~0.02列为二级风险，<0.1的列为三级风险。其中研制技术风险的综合评价值是最好的，可以作为远程宽体客机研制一级风险，应进行重点关注；研制供应风险与研制资金风险综合评价值次之，分别为0.159 5与0.107 3，均大于0.1，因此也将这两项列为一级风险，同样需要重视。研制适航风险与研制管理风险的综合评估值在[0.02, 0.1]范围内，因此这两项风险为二级风险。研制人力资源风险的综合评价值是最低的，将其列为三级风险。企业可以根据计算得到的综合评估值信息，结合自身资源，做好充分准备，更好地进行风险防范和管理，进一步科学有效、最大限度地降低各类风险带来的损失。

第 **8** 章

远程宽体客机研制风险应对

　　根据远程宽体客机研制风险识别原则与方法,识别远程宽体客机研制过程中存在的潜在风险因素,建立远程宽体客机研制风险评估指标体系,明确远程宽体客机研制风险评估模型的构建步骤,构建远程宽体客机研究风险评估模型,并对远程宽体客机研制风险进行实证评价,验证远程宽体客机研究风险评估模型的可靠性。

　　根据远程宽体客机研制风险评估模型实证研究的结果,确保研制过程的顺利进行,极大程度地降低风险的负面影响,需明确远程宽体客机研究风险的应对策略。从远程宽体客机的研制过程风险和航空相关项目的风险实际案例总结基础上,分析确定了影响远程宽体客机研制的主要风险因素并明确风险的实际含义,建立远程宽体客机研制风险的评估指标体系,根据风险来源的不同,将远程宽体客机的研制风险分为六大类,分别是研制技术风险、研制管理风险、研制供应风险、研制资金风险、研制适航风险和研制人力资源风险。根据远程宽体客机研制风险实证评估的结果,得出研制技术风险的综合评价值最好,研制供应风险和研制资金风险的综合评价值次之,三种风险均为远程宽体客机研制的一级风险,应进行重点关注,并采取相应对策略。研制适航风险和研制管理风险的综合评价值较低,为远程宽体客机研制的二级风险。研制人力资源风险的综合评价值最低,列为三级风险。应对远程宽体客机研制风险,目的是对研制风险进行有效的防范与控制,主动采取行动,降低风险事件的不利影响,有效解决远程宽体客机研制风险事件造成的不良后果,保证安全、高效、低成本地实现研制远程宽体客机的目标。

8.1　远程宽体客机研制风险应对基本问题

　　我国远程宽体客机研制过程生产工艺难度大、创新点多、投资力度大、周期长、面临突发要素多,要面临客机发动机、机载设备、材料等关键核心技术的研发和制造,是涉及众多学科、专业技术集成的非常复杂的系统工程。远程宽体客机的研发与制造过程存在着多种风险,按对项目研发和制造的制约程度考虑,主要包括:技术性能无法达到预期要求、投资远远超出预算、项目周期拖延、管理决策失误等风险。

可能存在以下几个基本问题:

(1)存在哪些风险因素?有哪些可选择的风险应对方法?其效果将会怎样?

(2)风险因素发生的可能性有多大?

(3)风险因素发生后的后果有哪些?采取哪些风险措施可以实现有效地控制风险?

8.2　远程宽体客机研制风险应对方法及适用对象

8.2.1　远程宽体客机研制风险应对方法及适用范围

风险应对方法可以被视为应对风险挑战或解决问题的方法。风险应对方法或方法组合的选择应针对各个研制风险确保产生最优效果。通过远程宽体客机研制风险评估的实证结果,得出研制技术风险、研制供应风险与研制资金风险为远程宽体客机研制一级风险,应重点关注,其中研制技术风险包括效果风险、周期风险、支撑技术风险、知识产权风险、技术成熟度风险、技术安全风险,研制供应风险包括原材料供应风险、物流供应风险、供应商入库风险、供应商付款风险、供应商生产制造风险,研制资金风险包括投资风险和成本研制管理风险。研制适航风险与研制管理风险为远程宽体客机研制二级风险,其中,研制适航风险包括适航条款风险、设计符合性验证风险、制造符合性风险、持续性研制适航风险和适航取证风险,研制管理风险包括组织管理风险、决策管理风险、计划管理风险和协调控制管理风险。研制人力资源风险被列为远程宽体客机研制的三级风险,其综合评价值最低,研制人力资源风险包括人力资源流动性风险和人力资源的责任心和能力风险。针对不同级别风险选择合适的风险应对方法,规定具体的负责人和职能部门进行重点把控,落实具体实施措施。

针对远程宽体客机研制过程中存在的风险因素而采取的风险应对方法主要包括:风险规避、风险控制、风险自留、风险转移、风险抑制。

风险规避。针对恶劣影响而采取主要的风险应对措施,风险规避是指对研制过程中可能产生的风险进行规避,改变项目计划,排除风险,保护研制目标,或放宽要求,降低或排除损失。例如:延长进度或减少范围等。风险规避对于存在巨大的隐藏危险、具有重大负面影响,而且又没有其他战略手段的情形更为适用。

风险控制。主要为了控制风险,采取某种措施来规管风险,与预防为主的战略相比,风险控制基本上允许风险的存在,目的是减少风险带来的负面影响,突出了决策者对风险的指挥和控制能力。例如：决策者利用政策来监管争议问题以控制风险。

风险自留。属于消极的处理方式，在风险无法采用有效方法进行消除时采用，或是为了盈利而采取的冒险行为。决策者采取行动为风险做好准备，使系统或组织在各种情况下都能令人满意地进行，分为主动或被动两种方式，意味着为减轻潜在后果必须事先做好准备。由于项目的风险很难消除或很难找到其他应对方法，所以采用接受的应对方法，对某项研制风险不进行处置，例如：自愿承担可能发生的供应商未按时供货而产生的费用风险。

风险转移是把风险的一部分或全部负面影响和相应的责任转接给第三方，并对其进行风险补偿。转移的方式多种多样，其中包括外包或购买保险、采用履约担保书等方式将风险转嫁给他人或他公司等，将风险分散出去，从而减少损失造成的危害。风险转移对处理风险财务效果最有效。在资源有效情况下无法实施预防性缓解策略；频率不高，潜在损失大。

风险抑制是在前期采取措施将风险事件的发生概率降至可接受范围，从而降低风险发生的概率或减少其造成的恶劣影响。例如：在远程宽体客机研制过程中，提前准备设置冗余的零部件可以减少零部件失效带来的不利后果。适用于提前采取行动达到减少风险危害的情况。

中国商飞公司对远程宽体客机研制潜在风险因素的评估结果以及针对不同风险因素所提出的风险应对方法或措施进行汇总整理成一套规范的模板，以便后续在远程宽体客机的研制方面进行应用。中国商飞公司针对不同风险等级所进行的风险处理过程可以设计成相应风险处理表，在此基础上能够建立风险管理案例库。

8.2.2 远程宽体客机研制各类风险应对措施

由于远程宽体客机研制潜在风险众多，有六大类，按照综合评价值由高到低进行风险因素影响力排序，分别为：研制技术风险、研制供应风险、研制资金风险、研制适航风险、研制管理风险和研制人力资源风险。应针对不同来源风险采取适宜的、不同的应对方法来处置研制风险，对研制风险进行有效的防范与控制，主动采取行动，降低风险事件的不利影响，有效解决远程宽体客机研制风险事件造成的不良后果，保证安全、高效、经济地控制远程宽体客机研制风险的目的。

1. 研制技术风险

从前面的分析可以看出，研制技术风险对远程宽体客机研制的影响占据首位，研制技术风险的控制是远程宽体客机研制风险控制的主体，应重点采取措施进行把控。研制技术风险包括知识产权风险、效果风险、周期风险、配套技术的不确定、技术成熟度风险、技术安全风险。远程宽体客机研制的研制技术风险的分类众多，不同类型的研制技术风险所占的权重也不同。对研制技术风险控制的方法主要有风险控制和被动性风险控制的风险自留。风险控制的具体方法主要有制定风险发生后的应急措施、提前预防风险等,主要以可靠性保证为主。风险自留的具体方法主要指对技术方案和配套技术方案进行必要的调整。另外,充分、预先的研究对降低风险也具有极其重要的意义。通过可靠性保证可以最大限度地降低远程宽体客机项目供应商的研制技术风险,提高研制的成功率。

2. 研制供应风险

研制供应风险主要包括原材料供应风险、物流供应风险、供应商入库风险、供应商付款风险和供应商生产制造风险,其中前两种主要是由市场因素引起的,所以采用风险转移的方式来处理,几乎不采取风险规避。对于供应商入库风险、供应商付款风险和供应商生产制造风险应采用风险控制的方法,对供应商所带来的风险进行控制,降低风险的危害,约束供应商的行为,确保目标的顺利实现。

3. 研制资金风险

研制资金风险包括投资风险和成本研制管理风险,投资风险应从认识和规避两方面进行,投资者要充分了解投资市场的风险,充分了解航空行业的趋势,把握市场行情,并能够科学地分析和识别各种投资风险,采取有效的应对措施。投资者要避免因贪婪和过分乐观而出现的投资行为风险,及时注意自身投资行为风险,降低或消除风险的危害。成本管理需跟踪和预测整个过程中的风险因素,提高风险管理的效率。建立风险管理早期预警机制,对潜在危险进行防范,降低风险发生。

4. 研制适航风险

研制适航风险包括适航条款风险、设计符合性验证风险、制造符合性风险、持续性研制适航风险和适航取证风险。应采取风险抑制和风险自留的方法有针对性地采取防范、保全和应急措施,强化风险管理意识,完善风险管理机制,需要在极短的时间内完成发现风险、评估风险、制定应对风险措施这一系列过程,提高风险管理的流转速度及运作效率。

5. 研制管理风险

研制管理风险主要包括组织管理风险、决策管理风险、计划管理风险和协调控制管理风险。远程宽体客机研制的研制管理风险不仅广泛存在,而且难以完全避免,因此对于研制管理风险无法用风险规避的方法进行改善处理。远程宽体客机研制管理风险的控制方法由风险控制和风险自留方法相结合。由于风险控制无法彻底消除远程宽体客机项目的研制管理风险,故在风险控制后,采取风险自留的方式处理剩余风险。具体说来有以下几项措施:制定更加科学的制度来遏制远程宽体客机研制管理中的推诿扯皮等不利影响;加强预先研究工作,减少远程宽体客机研制的不确定性,给远程宽体客机研制风险管理工作提供更有力的支持;建立更合理的组织形式,减少项目由于组织上的原因而引起的协调控制问题;制定更为严格的检查控制规章制度,并加强监督执行。

6. 研制人力资源风险

研制人力资源风险包括人力资源流动性风险与人力资源的责任心和能力风险。研制人力资源风险不可能完全避免,因此对于研制人力资源风险显然无法用风险规避的方法来处理;其次,通过转移的方式也只能部分地分散研制人力资源风险,绝大部分研制人力资源风险还必须由远程宽体客机项目的主体研制单位来承担;最后,研制人力资源风险主要的处置方式仍是风险控制和风险自留相结合,具体措施包括加强人员的选拔培训工作,确保研制队伍的整体素质;建立更为合理的竞争激励机制,提高研制队伍的工作积极性和创造性;加强对研制队伍的宣传工作,增强员工的质量意识;提高科研人员的待遇,稳定研制队伍等。

上述各种风险应对归纳在 8.1 表中。

表 8.1 远程宽体客机研制潜在风险因素的来源、特点及应对方法

风 险 类 型	风 险 来 源	风 险 主 要 特 点	风 险 应 对 方 法
研制技术风险	设计方案不成熟;工艺达不到设计要求;配套技术不确定;技术寿命不确定;知识产权问题	广泛存在;造成的损失影响较大	风险控制、风险自留及风险转移
研制供应风险	无法购买到设计要求的原材料供应风险;物流问题;供应商入库周期长;供应商付款延迟问题,生产制造问题	造成的损失较大;难以采取有效的措施控制;难以完全规避	风险转移、风险控制
研制资金风险	投资风险;成本管理问题	造成的损失和影响力大、风险存在期长;多种风险因素并存	风险规避、风险预测
研制适航风险	设计符合验证;适航取证;持续性适航问题;制造符合性;适航条款	法规性、制定的务实性;造成的影响较大	风险抑制、风险自留
研制管理风险	组织结构不合理;企业管理层经验不足;研制进度、经费、技术方案等计划不合理;各部门在研制和生产中协调不力	广泛存在,造成的损失通过其他风险的形式表现出来;可以采取措施有效减少	风险控制、风险转移
研制人力资源风险	研制人员队伍频繁流动;责任心不强,能力不够的问题	与研制管理风险密切相关;可以采取措施降低;难以完全避免;难以估量	风险控制、风险转移

8.3 远程宽体客机研制应对已评估风险技术

几十年来,远程宽体客机研制风险一直是管理和安全从业者关注的问题。尽管应对风险技术的传统方法主要用于减少风险影响,但目前的技术已经不足以应对当代动态研制工作环境中的各种风险。随着技术的发展和需求的不断提高,当今的远程宽体客机研制需要考虑的因素不断增加,新兴和非典型的研制和设计特征,这增加了远程宽体客机研制风险的可能性。应对风险技术应与研制技术和安全技术同步发展,以确保有足够的安全安排。为了应对现代远程宽体客机研制的不确定性,需要先进的技术辅助来提高解决风险危害的有效性。

正确使用新技术可以使远程宽体客机研制风险高效科学地规避,并提高成功研制远程宽体客机的机会。更好的技术有助于评估远程宽体客机研制工作情况和所遇危害,使从业者能够在关键风险发生之前并在规划阶段的早期纳入其中并积极地规避和应对。以下将从已评估的六大风险方面出发,分别讨论应对研制技术风险技术、应对研制供应风险技术、应对研制资金风险技术、应对研制适航风险技术、应对研制管理风险技术和应对研制人力资源风险技术,有助于远程宽体客机研制过程中更好地规避风险。

8.3.1 技术风险应对技术

在远程宽体客机研制实际应用方面,一方面,对于负责远程宽体客机研制技术专利审查和授权的主体来说,在激励创新和促进技术知识传播之间取得平衡至关重要,以促进整个社会的技术创新和经济发展。特别是政府可以在保障远程宽体客机研制技术专利权益的同时,进一步优化远程宽体客机研制技术专利制度,促进远程宽体客机研制技术的扩散和革命,例如提前公开专利申请、缩短专利保护期限等,实现社会公共知识资本的积累。同时,在远程宽体客机研制技术专利审查阶段,可以对自主权利要求更多、价值更高的专利进行更快速、更高效的信息披露和审查,使其尽快进入公众视野,促进后续创新。但是,对于第一独立权利较多的远程宽体客机研制技术专利,应认真审查,防止过度的权力需求导致垄断行为,损害社会整体利益。

8.3.2 供应风险应对技术

管理者应提前计划云计算同化过程,以保证远程宽体客机研制能够在整个链中产生价值。如果公司还可以依靠传统 IT 实施和使用方面的良好经验,则可以利用这一潜在价值。无论是组织内部还是组织间系统,积累了以前成熟 IT 经验的公司,都能够更好地理解应用程序以及它们相互补充的方式,以改善云计算作为有效战略工具的使用。管理者可以以 IT 作为一种战略手段,以确保未来的远程宽体客机研制创新技术发展在与技术替代和战略替代的计划路径相关联时更加有效。具体而言,在远程宽体客机研制过程中,采用电子商务的主动管理技术(Active Management Technology, AMT)和 IT 等关键技术是有效使用云计算来增强远程宽体客机研制全生命周期中对于供应方面的准确战略预测指标。云计算的这种有利使用将与人力资源积累的关于 IT 本身的使用及其在供应链旁的业务流程中应用的知识密切相关,可以进一步规避供应方面的风险。

8.3.3　资金风险应对技术

网络生态系统层关注的是识别和理解其利益相关者在组织特有的网络安全环境中的角色。网络基础设施层关注的是保护组织的 IT 资产和服务。组织、员工/内部用户和网络技术是网络基础设施层的三个关键要素。远程宽体客机研制过程中的投资管理和成本管理可采用网络生态系统,网络风险评估层侧重于识别 IT 资产、网络漏洞和网络威胁、网络攻击类型的风险量化以及投资分析。每个网络安全漏洞都可能导致经济损失,相反,预防它可以减少经济损失。由于对远程宽体客机研制技术的投资是一项资本支出,因此该投资可能会受到高级管理层的审查,以便批准预算。最佳投资出现在网络投资成本的边际增加等于财务损失的边际减少的点上。虽然这不是一项微不足道的任务,但持续改进将有助于组织正确应对网络生态系统中发生的快速发展。为了更好地应对远程宽体客机研制过程中任何新出现的资金方面的风险,组织不仅需要分析远程宽体客机研制某一流程研制资金风险,还需要分析全生命周期的研制资金风险趋势。

8.3.4　适航风险应对技术

由于航空航天和工业技术的快速发展,远程宽体客机的开发技能也变得更加复杂和依赖软件。因此,认证技术的发展是保证远程宽体客机安全的必要条件。远程宽体客机安全条例是确保远程宽体客机安全所需的最低要求。如果在远程宽体客机研制的认证过程中不符合这些规定,远程宽体客机的再设计成本将会增加。因此,在远程宽体客机研制初期,必须开发一个集远程宽体客机安全法规分析和数据库开发于一体的适航设计集成系统,来自美国 NASA 目前使用的适航设计集成系统称为控制设计者统一接口(Control Designer's Unified Interface, CONDUIT)。程序集成了飞控系统建模、硬件属性信息、试验数据等各种信息,以验证开发要求的真实性和合规性。另外,CONDUIT 环境采用 MATLAB 作为程序的算法引擎,对控制系统的所有功能进行管理。所有控制律都输入到 MATLAB 的 Simulink 环境中。此外,CONDUIT 还是一个可视化环境,它以图表的形式显示信息,有助于快速理解控制。

8.3.5　管理风险应对技术

在过去的远程宽体客机研制企业信息决策过程中,资料收集、调查分析、决策计划制定等程序都花费了大量时间。由于远程宽体客机研制企业信息化决策过程复杂,决策的实时性逐渐恶化,企业决策的时间滞后会导致决策结果与企业现状不符,影响企业发展速度。在大数据时代,大数据技术一方面可以为远程宽体客机研制企业信息决策管理提供有价值的应用工具,拓展企业发展空间,为企业信息决策提供大量的决策信息来源。另一方面,远程宽体客机研制企业信息化决策的速度逐渐加快。与企业相关的数据和信息很多,尤其是突发事件中不断涌现的数据。从客观角度可以看出,企业必须合理运用大数据技术,快速完成企业决策数据的融合处理,建立交互性显著的企业信息决策管理架构,全面挖掘、采集、分析具有大数据特征的远程宽体客机研制企业数据资产。因此,在这种环境下,多样复杂的环境因素对企业信息决策有一定的影响,人员处理企业信息决策时企业信息决策的难度增加。因此,使用大数据手段,可以有效减少组织管理风险、决策管理风险、计划管理风险和协调控制管理风险等方面造成的损失。

8.3.6　人力资源风险应对技术

互联网时代带来了数字化的快速转型、制造流程的自动化和业务运营中的高效决策。大数据和人工智能技术为数字信息时代的人才招聘带来了新的增长点,做到不断更新迭代,优化组织架构,合理配置人才。如果远程宽体客机研制的人力资源管理不能及时跟上企业发展的步伐,满足远程宽体客机研制企业新的战略目标,就很难获得发展效益和技术便利。针对远程宽体客机研制企业人力资源管理效率低、智能办公率低、流动性差等问题,利用大数据和人工智能技术,参考基于多种相关算法和机器学习算法,建立适用于动态离散复杂数据的分析模型,分析远程宽体客机研制企业社会责任与企业人力资源管理的耦合关系,实现了人力资源系统的功能,减少了人力资源的业务量,提高了人力资源的效率和管理水平,避免和降低了远程宽体客机研制全生命周期中人力资源方面带来的风险。

第9章

远程宽体客机研制风险集成管理

9.1　远程宽体客机研制风险集成要素

远程宽体客机研制项目风险管理体系可以定义为支持与保证远程宽体客机研制全过程风险管理活动而开展的多维管理资源、管理活动与基本程序的集合。这其中，多维管理资源包括组织资源、人力资源、规章制度、保障资源、技术资源、信息沟通等开展风险管理活动所必需的要素。组织活动指运用这些要素进行的风险管理活动等。基本程序指风险管理的规划、识别、评价、应对以及监控等流程。这样一个风险管理体系的建立与有效运行，是远程宽体客机项目风险管理活动开展的基本保证。首先阐述远程宽体客机研制项目风险管理体系的管理资源。

1. 远程宽体客机研制项目管理资源

参照《项目管理知识体系指南》(*A Guide to the Project Management Body of Knowledge*，PMBOK® 指南)对资源的分类，并结合远程宽体客机研制项目的特点，将远程宽体客机研制项目风险管理多维资源分为组织资源、人力资源、规章制度、保障资源、技术资源与信息沟通六类主要资源。

远程宽体客机研制项目风险组织资源主要包括两个层级：项目风险管理委员会、各部门与四大中心(设计研发中心、总装制造中心、试飞中心和客服中心)风险管理部门，具体如图9.1所示。其中项目风险管理委员会为一级，向行政总指挥系统负责；各中心及总部各有关部门为第二级，由各中心远程宽体客机项目管理部负责日常管理，各大中心行政指挥系统负责中级风险决策，协调解决各大中心内部组织问题。

远程宽体客机研制项目风险人力资源在各个阶段都具有重要的地位。为此，风险管理委员会设计了远程宽体客机研制项目风险人力资源管理体系，主要包括人力资源相应的组织体系、建设体系、规章制度与结构体系，具体如图9.2所示。组织体系建立以项目行政总指挥及风险管理委员会为主干的组织体系。建设体系

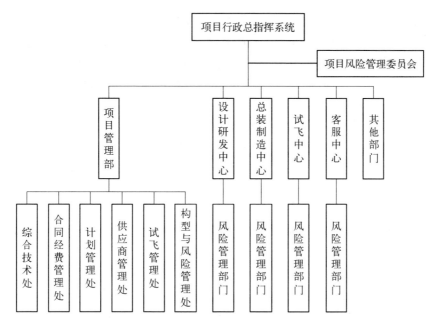

图9.1　远程宽体客机研制项目风险管理组织机构

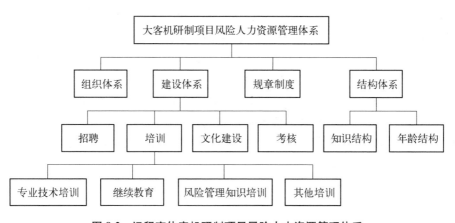

图9.2　远程宽体客机研制项目风险人力资源管理体系

在研制队伍组建之后,在队伍内部进行招聘、培训、文化建设和考核等几方面的工作。规章制度强调对人力资源体系的管理。结构体系主要包括知识结构和年龄结构。由于远程宽体客机研制项目涉及电子、冶金、机械、信息、化工、材料等众多学科专业,知识结构对于人力资源的知识结构、能力水平、实践经验等都提出很高的要求。由于远程宽体客机研制时间跨度大,因此需要项目部在年龄结构上需要保持协调,避免人才的断档。老同志起到技术支持、把关和培育新人的作用,中青年同志是远程宽体客机研制的中坚力量,年轻同志经过培训和实践后将是今后的主力军。

远程宽体客机研制项目风险管理规章制度主要是在学习、借鉴空客、波音等行业巨头管理经验和 ARJ21 研制项目实践的基础上,考虑项目管理的通用性和远程宽体客机机型的特殊性,项目部针对管理流程制定了相应的管理办法,对具体的管理活动制定了实施细则或工作程序,主要围绕 8 大过程与 186 个子过程制定过程定义方案,形成了一系列管理活动关键绩效指标(key performance indicator, KPI) 及考核细则。

远程宽体客机研制项目风险保障资源主要包括原材料、元器件、设备、机器、仪器以及能源等实物资源,重点是对元器件、原材料和机电产品等物资的保障管理。其管理能力主要包括物资保障的内外部能力,其中物资保障的外部保障主要考虑物资的类别、品种、质量、可靠性、供货能力以及可获取性等;而内部保障能力主要考虑采购能力、质量保障能力等。

远程宽体客机研制项目风险管理技术资源是根据远程宽体客机生产经验逐渐发展而来的各种生产工艺、操作方法以及工作技能的一类资源总称。按照远程宽体客机产业链从上游原材料、结构件到中游航电系统、机电系统等直至下游总装集成、试飞取证等,本书以此将技术资源分为六类。其中第一类为整体总装集成技术,该技术属于行业寡头地位,处于远程宽体客机产业发展的金字塔顶端,中国已在该技术领域取得突破。第二类为集成商的软件能力,主要包括信息来源控制技术、软件偏差处理技术与相应的组件技术。第三类为集成商的硬件能力,主要包括特制品电气、导线与相应部件技术。第四类为结构件工艺资源,主要包括按图纸制造技术、机加工技术以及特种工艺处理技术。第五类为结构件材料资源,主要包括紧固件、原材料产品、黏合剂以及特种材料。第六类为原材料资源,主要包括铸件、锻件以及板材等,由于其技术壁垒较高,竞争格局相对较为稳定。通过对技术资源的分类,可以实现针对不同技术资源进行不同风险管理的目标。

远程宽体客机研制项目风险管理信息沟通针对不同的沟通对象采取不同的沟通方式,其基本流程如图 9.3 所示。

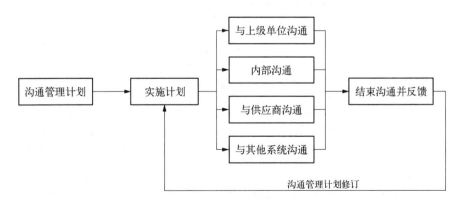

图 9.3 远程宽体客机研制项目风险管理信息沟通流程

与上级单位沟通主要是根据远程宽体客机项目的研制技术、进度以及成本等要求,与上级单位沟通协调,形成并上报"远程宽体客机研制项目管理计划""年度经费需求预算"等报告,每月上报"远程宽体客机研制项目情况简报",并进行全面总结。另外,远程宽体客机研制的重大决策、总体技术方案确定、关键项目确定均需及时与上级单位沟通。

内部沟通主要是指项目部与各中心的沟通。项目管理部风险识别、评价与应对主要通过项目年度工作会与项目月度工作会来实现,而项目管理部进度风险监控主要通过项目进度周报、月报、季报和年报实现。项目管理部在每年年初组织召开远程宽体客机项目工作会,会议由各职能部门负责人、各中心相关部门负责人、项目技术负责人和各供应商单位负责人参加。

项目管理部每周一上午听取各中心项目管理部的项目研制周报、每月 3 日前上报的项目研制月报以及每年 6 月末的年中计划执行情况报告。其报告内容主要包括应完工的任务、已完工的任务、目标偏差、原因和措施以及计划和重点任务目标的调整情况、对项目研制工作的建议和要求等。

与供应商沟通主要是国际合作与供应商管理部、项目管理部以及各中心与国外Ⅰ类、Ⅱ类、Ⅲ类、国内供应商Ⅰ类、Ⅱ类、Ⅲ类这六类供应商进行供应商开发、供应商选择、合同签订、产品实现、产品交付、产品支援以及专项管理(质量管理、适航管理、供应商绩效评价、技术管理、构型管理、沟通与协调管理、文件与档案管理、知识产权管理、供应商风险管理、社会责任管理)的过程,主要通过建立统一的信息平台和数据规格,并在此基础上实现信息的交换和沟通。

与其他系统沟通主要是项目部及时向总体及分系统研制单位沟通协调项目策划、研制计划安装安排、管理规范和要求以及协调明确各分系统间技术和计划界面等。

2. 远程宽体客机研制项目风险管理任务活动

结合波音、空客等民航企业的经验以及参考黄芬等(黄芬等,1998)的分析,并考虑结合 C929 远程宽体客机项目研制的特点,将远程宽体客机研制项目从总体上分为五个阶段:立项论证阶段、可行性论证阶段、预发展阶段、工程发展阶段以及批生产与产业化阶段,具体如图 9.4 所示。其各阶段的管理任务活动分别按阶段进行阐述。

1) 立项论证及可行性论证阶段任务活动

远程宽体客机项目立项论证及可行性论证阶段的任务活动是组织专家对远程宽体客机项目进行论证,主要包括总体技术方案、关键技术攻关和相关试验、市场营销体系、客户服务体系以及适航管理体系等。具体包括市场形势分析、市场需求分析和机型最佳设想等活动。在此阶段活动主要面临市场竞争风险、法律风险以及环境风险等外部风险。此阶段任务活动关系到项目能否上马,因此需要对项目风险进行全面分析,检验其是否可控等。

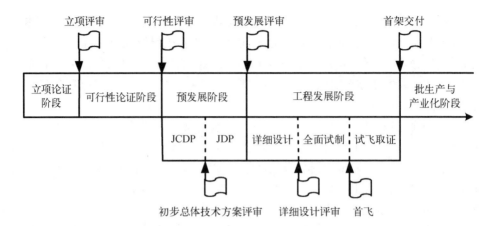

图 9.4 远程宽体客机项目研制阶段

2）预发展阶段任务活动

远程宽体客机项目预发展阶段的任务活动是对远程宽体客机系统进行设计，并形成完整的、最终的定义设计，使远程宽体客机设计方案得到广泛认可并通过论证。预发展阶段主要包括总体方案定义阶段/联合概念定义阶段（joint concept defination phase，JCDP）与初步设计阶段/联合定义阶段（joint defination phase，JDP）。此阶段的任务活动是综合各方面要求，对远程宽体客机的技术要求，包括功能、性能指标等参数进行最终确定，并形成最终的技术要求和方案设计。该阶段主要面临组织风险、技术风险和成本风险，其风险分析决定着最终方案定义质量的重要因素，是研制项目成功的基础。

3）工程发展阶段任务活动

远程宽体客机项目工程发展阶段又可划分为若干子阶段。

（1）详细设计子阶段任务活动：远程宽体客机研制项目详细设计子阶段的目标是完成整个远程宽体客机系统（包括系统各组成部分）的详细设计和实现设计所需条件的研究，以及研制试验样机。在此阶段需要对重要组件进行技术风险分析，尽可能在设计定型前使技术风险降至最低。同时，还要对技术风险和成本风险进行全面的权衡，既不能设计太简单而使其性能无法满足要求，又不能设计太复杂而使远程宽体客机研制项目面临太大风险。

（2）全面试制子阶段任务活动：远程宽体客机研制项目全面试制子阶段的任务是完成整个远程宽体客机研制项目的全部研制任务，其面临着组织风险、技术风险、进度风险、成本风险、供应商风险以及合同风险等，对该阶段的风险分析是远程宽体客机项目定型前的最后防线。因此，其风险管理对整个研制项目的成功至关重要。

（3）试飞取证子阶段任务活动：完成试飞取证，对远程宽体客机研制项目研制阶段工作进行全面总结和研究,提出修改方案,此阶段主要面临技术风险和成本风险。

（4）批生产与产业化阶段活动：批生产与产业化阶段的任务是对整个远程宽体客机研制项目进行批量生产以及重复使用,分析其所面临的技术风险、成本风险以及市场风险等,对该阶段的风险分析是整个远程宽体客机项目风险管理的关键环节。例如,波音 737 MAX 型由于技术更新导致的技术风险使得该机型受到严重的市场挑战。

3. 远程宽体客机研制项目风险管理基本程序

根据上述提出的基本原则,将远程宽体客机研制项目风险管理基本程序分为五个主要步骤循环进行,具体如下。

（1）风险规划：决定如何进行、规划和实施远程宽体客机研制项目风险管理活动,并最终以纲领性的文件予以确定。

（2）风险识别：通过相应的手段、方法去判定影响远程宽体客机研制项目实施的风险因素,并以书面形式记录其特点。

（3）风险评价：在风险识别的基础上,对远程宽体客机研制项目每个阶段每项风险发生的概率和影响程度进行评估、汇总和分析并且排序。

（4）风险应对：针对远程宽体客机项目目标,制定提高项目成功机会、降低项目失败威胁的具体行动方案。

（5）风险监控：在风险应对措施的基础上,不仅对已识别的风险进行检测,而且要检测是否会出现新风险,并制定相应的风险实施应对计划,对远程宽体客机研制项目风险有效性进行评估。

9.2　远程宽体客机研制风险集成框架

9.2.1　远程宽体客机研制项目风险管理体系三维模型

根据对远程宽体客机研制项目特点以及风险管理特点的研究分析,结合国内外航空研发制造企业机型项目风险管理的先进经验与我国远程宽体客机研制项目的实际情况,提出远程宽体客机研制项目风险管理的总体思路框架。

基于上述对远程宽体客机项目多维管理资源、管理活动以及基本程序的定义与分析,并结合国内外航空研发制造企业远程宽体客机项目风险管理的先进经验,参照美国系统工程学家霍尔（Hall）提出的"霍尔三维结构",从资源维、活动维、程序维出发,建立远程宽体客机研制项目的三维风险管理体系,其中资源维指风险管理的要素,活动维指风险管理各个阶段的任务活动,程序维指风险管理的管理流程与方法,具体如图 9.5 所示。

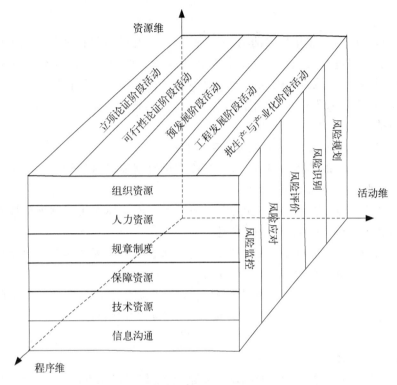

图 9.5　远程宽体客机研制项目风险管理体系三维模型

　　这三个维度共同作用或两两结合,可以对远程宽体客机研制项目风险管理体系中的各种因素共同作用,支持风险管理活动的开展,能够反映风险管理活动的相关内容、相互关系和工作方向,是远程宽体客机研制项目风险管理的根本保证。与此同时,体系的建立有利于促进风险管理理论的研究,也为下一步研制项目风险进行集成化管理奠定基础。

　　根据远程宽体客机研制项目的资源、活动和程序需要,将远程宽体客机项目风险梳理为内部风险和外部风险两部分。其中内部风险主要包括技术风险和管理风险,外部风险主要包括市场竞争风险、法律法规风险和环境风险,具体如图 9.6 所示。

　　其中,技术风险主要由保障资源、技术资源以及信息沟通等管理资源因素引起,在风险管理中应予以重点监控,是远程宽体客机研制项目中最主要的风险。管理风险主要由组织资源、人力资源、规章制度、保障资源、技术资源、信息沟通等管理资源引起,是非常重要且容易忽视的风险因素源。而外部风险主要由组织资源、人力资源、规章制度、保障资源等管理资源引起,其预测难度较大。

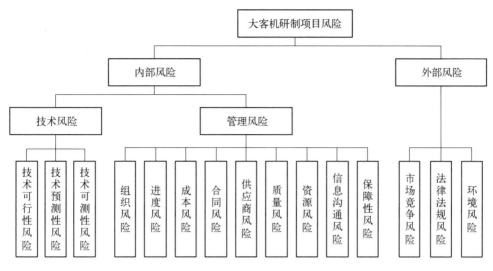

图 9.6 远程宽体客机研制项目管理风险

9.2.2 远程宽体客机研制项目风险管理集成模型

在远程宽体客机研制项目的实践过程中,各种要素都会直接或间接地影响远程宽体客机研制项目的成功,而且其中的任何一个要素的变更都会对项目的其他方面造成影响。例如,技术方案的变更通常会直接造成研制项目的进度、成本等目标发生变化。这种要素之间的相互关联性就要求在远程宽体客机研制过程中必须充分、有效地对项目各要素进行集成,进行一体化风险管理。因此,首先建立风险管理集成平台,然后在此基础上建立集成模型。

1. 远程宽体客机研制项目风险管理集成平台

远程宽体客机研制项目风险管理与其他项目相比最大难点在于项目利益相关方多、国内外材料不标准、项目团队不固定、管理文化存在差异以及风险管理所发生的数据量庞大等。另外,数据信息的积累与传递是和远程宽体客机研制项目的不同阶段紧密相连的,从项目立项论证开始到可行性论证、预发展、工程发展直至批生产与产业化的每个阶段都会产生大量的数据信息,尤其是最后两个阶段,其管理方式是数据有效共享与利用的关键。更重要的是,这五个阶段是逐次递进且紧密相关的,构成了一个有机统一整体。但由于我国远程宽体客机研制项目风险管理模式和各参与方之间利益不一致等多种因素影响,使得项目各利益相关方之间缺乏充分的信息交流和共享,更缺乏全局性的统一管理,因此常常会导致"组织隔离""信息孤立"等问题,无法保证数据的一致性,严重阻碍了各利益相关方的信息有效共享与利用。为解决这个难题,本书建立三维全立体与构件级基础数据库,将远程宽体客机研制项目全寿命期海量数据有机集成在一起,为远程宽体客机研制项目各利益相关方提供一个信息集成管理平台,具体如图9.7所示。并且,可以保证创建数据的统一性、一致性和完整性,最终实现各个阶段和不同风险类别之间的信息集成管理和共享。

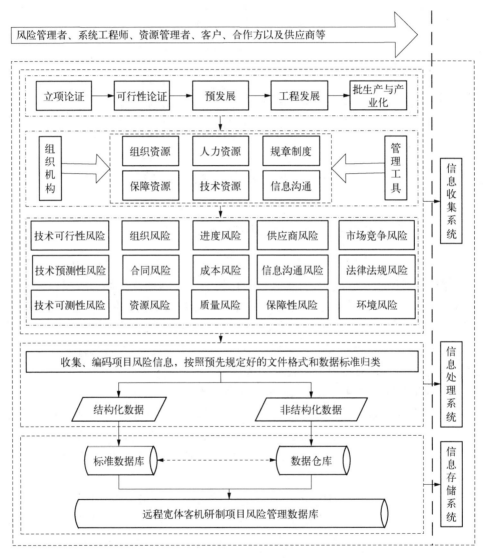

图9.7 远程宽体客机研制项目风险管理信息集成平台

首先,通过风险管理信息集成平台,可以将各个阶段的管理活动、管理资源、风险目标以及利益相关者的信息予以采集,确保了远程宽体客机研制项目全生命周期信息的完整性。其次,通过将采集到的信息建成一个具有多维度结构化数据库的工程数字模型,快速实现管理文件、手册及其评价和应对与管理风险之激励、奖励政策等的创建、储存、计算和分析等,为远程宽体客机研制项目集成管理提供支持和依据。最后,通过集成研制项目周期内信息平台,可以对风险目标进行有效管理和监控,实现协同项目研制。

2. 远程宽体客机研制项目风险管理集成模型

远程宽体客机研制项目风险集成管理是为确保项目各阶段工作能够有机地协调配合而开展的一项综合性和全局性的项目风险管理工作,追求的是各阶段优势互补、聚变放大,最终实现风险整体优化目标。由于远程宽体客机研制项目风险集成管理涉及多要素、多阶段、多目标以及多利益主体的综合管理。首先,对远程宽体客机研制项目风险的设计论证、生产制造、总装集成以及适航取证等阶段进行全过程纵向集成管理。其次,对远程宽体客机研制项目风险的组织资源、人力资源、规章制度、保障资源、技术资源、信息沟通等进行多要素横向集成管理。再次,通过建立面向远程宽体客机研制项目风险的信息模型系统,为所有的远程宽体客机研制项目风险利益相关者提供一个信息集成管理平台,将风险管理者、系统工程师、资源管理者、客户、合作方以及供应商等组合成一个整体,使研制项目信息能够在各阶段、各个成员和各个组织机构管理部门之间在各自权限下无障碍沟通,保证组织协调和信息沟通的通畅。最终,通过对远程宽体客机研制项目风险的全过程纵向集成、多要素横向集成和各利益主体组织集成等实现整个项目组织的协同运作,形成一个面向远程宽体客机研制项目风险的系统协调运行的集成管理体系,主要表现在以下几点。

(1)通过对研制项目利益相关者的责任、目标等进行集成,使各方风险共担、利益共享,以项目目标为导向进行协同工作,并构建风险信息网络传递体系,帮助协调项目有关人员进行风险识别、风险追踪等,既保证了研制项目技术的先进性,又保证了可以将相关风险控制在一个合理范围。

(2)通过对研制项目过程中检查点、里程碑以及基线等关键节点进行核查、集成,实施于设计研发、总装制造、客户服务、适航取证等在内的过程风险管控,构建了远程宽体客机研制项目国际联配的复杂系统风险管理集成模块以及与全球配置接轨、跨国研制的远程宽体客机研制项目风险管理操作平台,实现了风险集成与精准信息和决策的实时控制、信息共享与风险评价、应对与防范。

(3)通过对职能部门和四大中心等组织机构的集成,实现了柔性结构风险管理组织模式,建立其风险管理组织模式、管理方法、工作步骤、程序,解决了国产首架远程宽体客机全球供应商优选、适航取证等国际难题。

(4)通过风险管理创新模式的集成,实现了与霍尼韦尔、空客和波音接轨的国际一流企业的一体化风险管理创新模式,建立了独一无二的、与 PMI 推出的

PMBOK® 指南(第6版)匹配的全量表操作一体化群集成风险管控体系、数字化系统以及后续机型的产业化平台。

9.3 远程宽体客机研制风险集成管理实施

为了配合远程宽体客机研制项目风险管理体系的实施,还应建立相应的风险组织机构以及相应的管理流程与方法,从而为方便实施风险的规划、识别、评价、应对以及监控等基本程序提供保障。

9.3.1 远程宽体客机研制项目风险管理组织机构

远程宽体客机研制项目风险组织机构分为两级:项目风险管理委员会、各部门与四大中心(设计研发中心、总装制造中心、试飞中心和客服中心)风险管理部门,具体如图 9.1 所示。

(1)远程宽体客机研制项目风险管理委员会为一级,向行政总指挥系统负责,由远程宽体客机项目行政总指挥系统负责重大风险决策(高风险),协调解决重大风险管理问题,风险管理的日常管理归口于项目管理部。

(2)各中心及总部各有关风险管理部门为第二级,由各大中心远程宽体客机研制项目管理部负责日常管理,各大中心行政指挥系统负责中级风险决策(中等风险),协调解决各大中心内部组织问题。

1. 项目行政总指挥系统及项目风险管理委员会

项目风险管理委员会由行政总指挥系统、总设计师系统、各职能机关部门、各中心相关责任人组成,组长由项目行政总指挥担任。委员会向项目行政总指挥系统负责,全面负责远程宽体客机研制项目风险管理组织、协调、监督管理工作,对研制项目技术、进度、费用风险的项目级风险进行决策,决定控制策略及资源投入,对相应的风险应对计划进行审批。

2. 项目管理部风险管理部门

项目管理部是项目风险管理的日常办事机构,具有项目风险管理办公室的职责,负责按照项目风险管理委员会确定的有关事项,开展项目风险管理工作。

3. 其他各职能部门风险管理部门

遵循项目延伸到哪,风险管理就延伸到哪,项目谁主管,风险谁负责的原则,负责开展各自范围内的风险管理工作,并对其所负责的供应商进行风险管理。

4. 各中心风险管理部门

各中心在项目管理风险管理委员会的统一要求下,按照风险管理相关规定开展中心业务范围内组织、进度、费用、合同和供应商风险管理工作,做好上报和风险记录工作。

9.3.2　远程宽体客机研制项目风险管理流程、任务与方法

远程宽体客机研制项目的管理流程如图 9.8 所示。

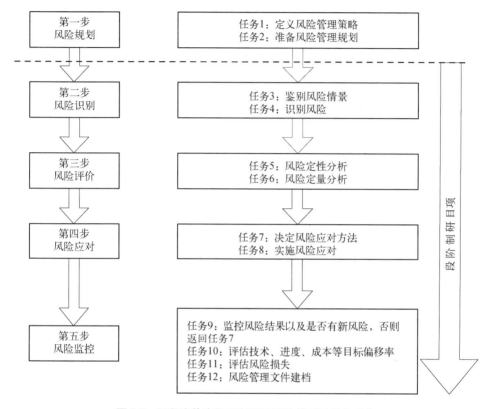

图 9.8　远程宽体客机研制项目风险管理过程与任务

远程宽体客机研制项目风险规划过程主要通过"规划会议"来实现。项目管理部举行规划会议制定风险管理计划,参会者主要包括项目管理部及其下辖各大中心的相关人员、实施组织中负责管理风险规划和实施活动的人员,以及其他应参与人员。在会议期间界定远程宽体客机研制项目风险管理活动的计划体系,既满足技术要求,又合理配置经费、人力资源等保障要素,又要对风险管理职责进行分配,并根据远程宽体客机研制项目特点对通用的项目风险进行归类整理。

远程宽体客机研制项目风险识别方法以"风险检查表"为主,结合专家访谈。风险检查表在远程宽体客机项目风险识别前准备好,并进行过程中的持续更新。在项目结束时,项目团队成员需要总结风险识别的经验和教训,并将检查表进行更新,作为后续项目进行风险识别的参考资料。

远程宽体客机研制项目风险评估方法通过采用召开会议、访谈等方法对风险

进行评估,利用三维风险评价方法确定相关风险的概率等级、影响等级和风险可测性等级。

远程宽体客机研制项目风险应对通过风险规避、风险转移、风险减轻以及风险减轻四种风险应对策略可供采用。在实践中,主要为远程宽体客机项目的每项风险选择最有可能产生效果的策略或策略组合。

远程宽体客机研制项目风险监控通过偏差分析法直观动态反映项目进度与费用风险情况,适合监控项目的整体费用、进度风险。另外,通过网络计划技术对工作流程、资源等优化配置,利用审核检查法以及风险数据库从研制项目风险全生命周期的角度去监控。

根据上述的管理工具与方法,最终形成一套基于识别、评估、应对与监控四位一体的远程宽体客机研制项目流程管理与方法标准。

第10章

远程宽体客机研制风险管理实践案例

10.1 远程宽体客机研制进度风险管理实践案例

作为工业大国,航空复杂装备一直是国民经济发展中的战略产业,其制造周期较长,研发周期的延误一般会带来巨额违约赔款等不良后果,因而航空复杂装备研制进度风险管理工作十分重要。本章以远程宽体客机研发过程为例,分析远程宽体客机研制过程中的进度规划问题,确定关键里程碑事件及其影响。

10.1.1 基于里程碑事件的研制进度 GERT 网络的构建

根据该远程宽体客机研发的实际情况,构建该远程宽体客机基于里程碑事件的研制进度 GERT 网络模型如图 10.1 所示,各个里程碑事件的内容、参数及传递函数见表 10.1。

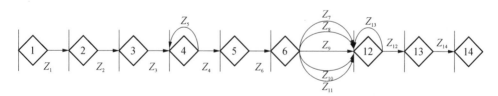

图 10.1 远程宽体客机基于里程碑事件的研制进度 GERT 网络模型

表 10.1 远程宽体客机基于里程碑事件的研制进度 GERT 网络各活动参数

序号	里程碑事件内容	概率	特征函数	传递函数
1	预先研究阶段	1	$\exp(80n)$	$\exp(80n)$
2	立项论证阶段	1	$\exp(30n+2n^2)$	$\exp(30n+2n^2)$

续　表

序号	里程碑事件内容	概率	特 征 函 数	传 递 函 数
3	可行性论证阶段	1	$\exp(24n+n^2)$	$\exp(24n+n^2)$
4	方案设计及论证阶段	0.95	$\exp(50n+n^2)$	$0.95\exp(50n+n^2)$
5	方案修改	0.05	$\exp(20n+n^2)$	$0.05\exp(20n+n^2)$
6	任务分配及分段目标规划阶段	1	$\exp(7n)$	$\exp(7n)$
7	子任务工程研制 机身系统设计研发制造阶段	1	$\exp(112n+2n^2)$	$\exp(112n+2n^2)$
8	货舱系统设计研发制造阶段	1	$\exp(89n+3n^2)$	$\exp(89n+3n^2)$
9	电子系统设计研发制造阶段	1	$\exp(93n+n^2)$	$\exp(93n+n^2)$
10	环境系统设计研发制造阶段	1	$\exp(85n+0.5n^2)$	$\exp(85n+0.5n^2)$
11	动力系统设计研发制造阶段	1	$\exp(120n+2n^2)$	$\exp(120n+2n^2)$
12	系统模块对接和联调测试阶段	0.93	$\exp(32n+n^2)$	$0.93\exp(32n+n^2)$
13	返工调整	0.07	$\exp(12n)$	$0.07\exp(12n)$
14	试飞取证阶段	1	$\exp(30n+n^2)$	$\exp(30n+n^2)$

10.1.2　研制进度期望时间方差及分析

该远程宽体客机研制进度 GERT 网络是由串联、并联和自环等多种结构规则构成的混联网络结构,进一步对该远程宽体客机研制过程进行分析,根据信号流图的闭合特性和梅森公式,可得到远程宽体客机复杂装备研制进度 GERT 网络的等价传递函数。根据表 10.1,得到该远程宽体客机研制进度等价传递函数和等价传递概率:

$$G = 1 - Z_5 - Z_{13} - Z_1 \cdot Z_2 \cdot Z_3 \cdot Z_4 \cdot Z_6 \cdot Z_{11} \cdot Z_{12} \cdot Z_{14} \cdot \frac{1}{Z_E} + Z_5 \cdot Z_{13} = 0$$

$$Z_E(n) = \frac{Z_1 \cdot Z_2 \cdot Z_3 \cdot Z_4 \cdot Z_6 \cdot Z_{11} \cdot Z_{12} \cdot Z_{14}}{1 - Z_5 - Z_{13} + Z_5 \cdot Z_{13}}$$

$$Z_E(n) = \frac{P_1 M_1 \cdot P_2 M_2 \cdot P_3 M_3 \cdot P_4 M_4 \cdot P_6 M_6 \cdot P_{11} M_{11} \cdot P_{12} M_{12} \cdot P_{14} M_{14}}{1 - P_5 M_5 - P_{13} M + P_5 M_5 \cdot P_{13} M_{13}}$$

$$Z_E(n) = \frac{0.883\,5 \exp(373n + 8n^2)}{1 - 0.05 \exp(20n + n^2) - 0.07 \exp(12n) + 0.003\,5 \exp(32n + n^2)}$$

且有

$$p_E = Z_E(0) = \frac{0.883\,5}{1 - 0.05 - 0.07 + 0.003\,5} = 1$$

由

$$M_E(n) = \frac{Z_E(n)}{p_E}$$

则该远程宽体客机研制进度 GERT 网络的矩母函数为

$$M_E(n) = \frac{0.883\,5 \exp(373n + 8n^2)}{1 - 0.05 \exp(20n + n^2) - 0.07 \exp(12n) + 0.003\,5 \exp(32n + n^2)}$$

根据运算公式得到该研制项目期望完成时间和方差为

$$E(x) = \frac{\partial M_E(n)}{\partial n}\bigg|_{n=0} \approx 375, \ E(x^2) = \frac{\partial^2 M_E(n)}{\partial n^2}\bigg|_{n=0} = 140\,640$$

$$\text{Var}(x) = E(x^2) - [E(x)]^2 = 15$$

通过计算可知该远程宽体客机研制的期望完成时间约为 375 天,方差为 15 天,此分析结果为项目进度管理提供依据,在约定日期内进行研制进度的调整以保证研制项目的顺利进行。

10.1.3　研制进度风险度量分析

基于该远程宽体客机的研制进度 GERT 网络模型,求解得到项目研制的期望完成时间和方差等参数,根据中心极限定理和合同约定工期等条件可以对该远程宽体客机的研制进度风险进行分析。已知该远程宽体客机研制项目合同约定的项目总工期为 380 天,惩罚系数为 100,根据公式:

$$p_f(n \leqslant N_s) = \int_{-\infty}^{N_s} \frac{1}{\sigma_c \sqrt{2\pi}} \cdot e^{-\frac{1}{2}\left(\frac{n - N_c}{\sigma_c}\right)^2} dn$$

在约定工期下完成项目的概率为

$$p_f^* = \int_{-\infty}^{380} \frac{1}{\sqrt{15} \cdot \sqrt{2\pi}} \cdot e^{-\frac{1}{2}\left(\frac{n-375}{\sqrt{15}}\right)^2} dn = 90.14\%$$

该远程宽体客机复杂装备研发的实际完成工期为 400 天,则该项目研发进度风险度量为

$$R(x) = L(x) \cdot p_r = 100 \times (400 - 380) \times (1 - 90.14\%) = 197.2$$

由此,可以确定在合同约定下研制项目完成的进度风险量。

10.1.4　研制进度风险弹性分析

远程宽体客机复杂装备研制进度 GERT 网络中相关参数的波动会对项目研制过程造成影响,分析相关参数的影响有利于提高项目研制进度风险的管控水平。在该远程宽体客机研制过程中,里程碑事件 4 和里程碑事件 12 是带有自环回路的两个重要里程碑事件,其研制活动能否顺利开展对于整个项目的成功与否具有重要影响,下面对这两个里程碑事件中的概率参数进行弹性分析,弹性分析结果如表 10.2 所示。

表 10.2　里程碑事件的概率参数的弹性分析结果

里程碑事件	概率	Y	Y^*	ΔY	R	R^*	ΔR	弹性系数 ε
4	p_4	95%	75%	−20%	197.2	1 117.2	920	−22.16
12	p_{12}	93%	73%	−20%	197.2	697	499.8	−11.79

通过弹性分析结果可以看出,这两个里程碑事件的概率参数变化对项目期望完成时间和项目研制进度风险有影响,即关键事件成功完成的概率越大,则该研制项目的期望完成时间相对减少,因此不能按时履约造成的项目进度违约风险也越小。

同时网络中概率参数的微小变化会对项目预期完成时间造成显著影响,因此应该特别关注关键里程碑事件的完成情况,确保项目进度规划的有效性和及时性。通过对关键里程碑事件的概率参数弹性分析,发现其中方案设计及论证阶段对进度影响较为显著,这就为项目管理者提供信息:保证前期的方案设计及论证阶段工作顺利开展是研制项目过程中的关键步骤,做好关键里程碑事件的进度安排对整个项目的成功起着至关重要的作用。

10.1.5　研制进度风险产生原因

远程宽体客机的产品研制过程主要包括预发展阶段、工程发展阶段和批生产

与产业化阶段,主制造商联合供应商进行产品总体方案定义、初步设计、详细设计和全面试制、试飞取证等过程。远程宽体客机研制是依据现有的技术水平和研究能力将设计转化为实物的过程,由模糊的需求和方案到清晰的架构,从波动趋于稳定。在产品研制阶段,管理活动和技术能力贯穿始终,技术和管理等因素对远程宽体客机的协同研制起到举足轻重的作用。

1. 技术风险

(1)产品技术风险。产品技术风险从远程宽体客机研发的源头——总体方案定义开始,首先分析总体方案是否存在不足,再根据产品的功能模块逐级分解,分析各个功能模块之间的关系,找出各个子功能目前存在的缺陷,最后从整体出发,即从整个项目进度、产品性能和费用等方面考虑,找出相关技术风险,预测在未来使用中可能出现的问题。

(2)过程技术风险。产品研发的过程技术风险是指远程宽体客机研发过程规划与设计不合理导致的产品研制周期长,成本高或产品质量与标准不符。远程宽体客机研发过程可以分成若干个阶段,每一个阶段又可以分成许多子活动,根据活动的特点把过程技术风险划分为活动内和活动间的技术风险。

(3)技术标准风险。技术标准风险是指远程宽体客机在协同研制过程中,主制造商和供应商未统一技术标准且双方信息不对等。双方研发设备的通用化和技术的标准化都关系到供应链协同研制进度能否顺利进行,因此在系统设计之前,双方应沟通好技术标准,在研发过程中也要及时反馈信息。

2. 管理风险

(1)费用管理风险。充足的资金储备是产品研制成功的先决条件之一,而项目预算又是远程宽体客机项目管理的一项重要内容,成本管理是否成功对供应链上各成员的利益分配起决定性作用。因此,费用方面出现的任何问题都可能给远程宽体客机协同研制带来风险。对如下几个导致费用管理风险的因素进行研究。

第一,项目经费预算不足。经费是远程宽体客机研制项目的基础保障,如果项目经费预算紧张,则可能导致项目被迫中止。

第二,项目经费分配不合理。若未对经费进行合理分配,则可能会造成项目部分环节资金不足或过于充足的资源分配不均局面。

第三,未考虑突发情况。复杂程度高的远程宽体客机项目研制过程中难免会发生突发情况。若未对突发情况做经费预案,则整个研发过程的进度将会受到影响。

(2)组织管理风险。组织管理是为了整合协同研制供应链上的有限资源并进行配置,以确保高效完成远程宽体客机项目的研制,组织管理不善则必然带来风险,其产生原因主要分为如下几个部分。

第一,主制造商组织管理不善。主制造商作为协同研制供应链上的系统集成者和生产组织者,必须严格监督控制各级供应商的产品质量水平和质量管理活动,以确保远程宽体客机项目顺利开展。若研制进程中主制造商未进行有效的组织管理,则可能会导致发生预料之外的差错。

第二,人力资源难以协同。远程宽体客机的零部件众多,各级供应商分布在世界各地,国家间具有语言、文化等方面的差异;项目的学科交叉性广,跨部门、跨公司、跨行业合作会带来技术交流上的障碍。

第三,组织结构与项目要求不匹配。组织结构与项目要求不匹配可能导致远程宽体客机项目的组织运作流程无法达到最佳状态,继而影响项目的运作效率。

第四,缺乏有效沟通。在协同研制的过程中,主制造商与各级供应商、客户之间缺乏有效的沟通也会给研制的过程带来风险。

(3)战略管理风险。为了推进项目最终目标的实现,项目在开展前对未来一定时期内的整体且长远的目标、发展方向、任务和政策以及资源调配做出决策是必不可少的。以下三个因素会对远程宽体客机协同研制项目带来一定程度上的风险。

第一,战略制定因素。协同研制的过程中,若发展战略未完全符合供应链上各组织成员的利益,则有可能给协同研制的同盟关系带来风险。

第二,战略协同因素。主制造商与各级供应商因文化背景的差异导致发展战略规划上的分歧过大而带来的风险。

第三,战略控制因素。在协同研制的实际过程中,项目的进展偏离了最初制定的发展战略而带来的风险。

3. 外部风险

(1)国家政策风险。远程宽体客机作为我国国家战略工程,受到政府部门的高度重视,政府制定了一系列国家层面的远程宽体客机产业发展的战略规划和相关政策,以加强政策规划、战略引导和行政干预。若政策不具有稳定性,则远程宽体客机产业发展规划的实现将难以保障。

(2)市场需求风险。新型冠状病毒肺炎的暴发使得世界民航运力呈现断崖式下降,并对全世界的民航市场和企业带来了不同程度的影响,疫情的影响范围从民航业延伸到整个航空制造业。在此情况下,市场需求发生剧变,对原先正在进展或即将开展的协同研制项目势必带来巨大影响。

(3)设备设施供应风险。设备设施的供应是远程宽体客机项目顺利进展的基础,尤其是关键的设备设施若无法得到保障,则会影响产品的可靠性,为后续进展留下隐患。

10.1.6 研制进度风险管理措施

1. 通过科学的方法降低政策风险的影响

研究结果显示,当前政策因素是远程宽体客机研制所要面临的最严峻的风险挑战。放眼全世界,美国的波音公司以及欧洲的空客公司一贯采用极为成熟的"主-供"模式进行远程宽体客机研制。波音公司和空客公司在远程宽体客机的研制技术方面较为先进,并且拥有完整的产业链,一般性的国际政策风险无法给他们造成任何威胁,据研究统计,生产一架波音 747 共计需要 400 万个零部件,并且是由全球 66 个国家和地区的 1 500 多家大型供应商企业以及 15 000 多家中小型供应商联合完成的;而研制一架空客 A380 则需要跟 120 多家核心的供应商以及相关领域的合作伙伴签约 200 多份关键性的合同文件。从波音和空客的研制经验就可看出,这两家公司所采用的"主-供"模式下的协同研制进程是建立在欧美航空工业的发展基础上,无论是研发技术、生产技术、经济管理、协同进度管理等方面,波音公司和空客公司都拥有丰富的协同进程管理经验,并且很少受到国际政治局势的影响。因此,我国在远程宽体客机研制的"主-供"模式下的协同研制进程管理,要通过科学的方法降低政策风险带来的阻碍和困难。

2. 加强协同研制进程过程中的精细化风险管理控制措施

远程宽体客机研制的阶段不同,所要管理和监督的工作任务和分工也存在一定的差异性。需要根据不同级别的管理负责人,在不同的工作任务周期内,根据工作的内容设计出每个阶段具有针对性的工作任务计划表。并且在这个协同研制进程管理的过程中,一方面,项目小组的负责人需要对突发事件存在的风险制定出有效的应对方案,将工作进一步地进行精细化处理,涉及的突发事件的类型,包括技术层面、政策方面、经济方面等突发事件风险;另一方面,主体制造商与其他的供应商之间的沟通要保持及时性、保密性等要素,紧跟项目的研制进度,加强和供应商之间的交流和沟通,确保供应链能够持续稳定地为项目提供服务。

10.2 远程宽体客机研制质量风险管理实践案例

本节针对远程宽体客机质量管理的现状,利用质量风险评价模型,对远程宽体客机质量风险进行初步评价,通过评价给出当前质量风险管理的评价值,并据此提出进一步强化远程宽体客机质量管理的对策与措施。

10.2.1 质量风险评价过程

为了能够准确衡量大型客机的研制,本书向从事远程宽体客机质量管理工作的科研人员、管理人员及该领域的专家学者进行了调查打分,打分人员根据不同的风险因素,对远程宽体客机质量风险管理做出不同的评价。总结整理获取的打分数据,可以得出远程宽体客机质量管理各项风险评价指标的隶属度矩阵,如表10.3 所示。

表10.3 远程宽体客机质量风险评价的隶属度

一级指标	二级指标	隶 属 度				
		很低	低	一般	高	很高
与顾客有关的风险	合同评审	0.07	0.14	0.21	0.23	0.35
	交付风险	0.09	0.13	0.15	0.27	0.36
	交付后活动	0.05	0.11	0.23	0.28	0.33
设计开发风险	输入评审	0.06	0.17	0.19	0.25	0.33
	输出评审	0.06	0.12	0.14	0.35	0.33
	设计更改	0.01	0.02	0.15	0.36	0.46
采购过程风险	供方评价	0.08	0.10	0.14	0.26	0.42
	采购信息	0.09	0.15	0.16	0.21	0.39
	采购实施	0.13	0.10	0.13	0.30	0.34
	外包过程	0.06	0.12	0.17	0.28	0.37
制造过程风险	生产前准备	0.11	0.19	0.23	0.19	0.28
	生产实施	0.07	0.12	0.13	0.29	0.39
	检验/实验	0.06	0.10	0.18	0.31	0.35
	不合格品控制	0.11	0.17	0.23	0.16	0.33

1. 二级模糊综合评价

首先对远程宽体客机研制质量风险进行二级模糊综合评价,即评价远程宽体客机研制的与顾客有关的风险、设计开发风险、采购过程风险以及制造过程风险这四个层面的风险。通过分析整理表10.3 中的数据,可以分别得到四个风险维度的隶属度矩阵 R_1、R_2、R_3、R_4:

$$R_1 = \begin{bmatrix} 0.07 & 0.14 & 0.21 & 0.23 & 0.35 \\ 0.09 & 0.13 & 0.15 & 0.27 & 0.36 \\ 0.05 & 0.11 & 0.23 & 0.28 & 0.33 \end{bmatrix}$$

$$R_2 = \begin{bmatrix} 0.06 & 0.17 & 0.19 & 0.25 & 0.33 \\ 0.06 & 0.12 & 0.14 & 0.35 & 0.33 \\ 0.01 & 0.02 & 0.15 & 0.36 & 0.46 \end{bmatrix}$$

$$R_3 = \begin{bmatrix} 0.08 & 0.10 & 0.14 & 0.26 & 0.42 \\ 0.09 & 0.15 & 0.16 & 0.21 & 0.39 \\ 0.13 & 0.10 & 0.13 & 0.30 & 0.34 \\ 0.06 & 0.12 & 0.17 & 0.28 & 0.37 \end{bmatrix}$$

$$R_4 = \begin{bmatrix} 0.11 & 0.19 & 0.23 & 0.19 & 0.28 \\ 0.07 & 0.12 & 0.13 & 0.29 & 0.39 \\ 0.06 & 0.10 & 0.18 & 0.31 & 0.35 \\ 0.11 & 0.17 & 0.23 & 0.16 & 0.33 \end{bmatrix}$$

在表 10.4 中,运用层次分析法对各个评价指标的权重进行了计算。

表 10.4　各级指标权重表

	准则层	权重	因素圈	权重	综合权重
远程宽体客机型号研制质量风险评价指标	与顾客有关的风险 V_1	0.265	合同评审	0.221	0.063
			交付风险	0.354	0.101
			交付后活动	0.425	0.122
	设计开发风险 V_2	0.328	输入评审	0.386	0.122
			输出评审	0.412	0.131
			设计更改	0.202	0.064
	采购过程风险 V_3	0.191	供方评价	0.326	0.064
			采购信息	0.283	0.055
			采购实施	0.268	0.052
			外包过程	0.123	0.024
	制造过程风险 V_4	0.216	生产前准备	0.267	0.054
			生产实施	0.328	0.063
			检验/实验	0.285	0.058
			不合格品控制	0.120	0.024

其中,与顾客有关的风险各二级指标的权重矩阵为

$$W_1 = [0.221 \quad 0.354 \quad 0.425]$$

设计开发风险各二级指标的权重矩阵为

$$W_2 = [0.386 \quad 0.412 \quad 0.202]$$

采购过程风险各个二级指标的权重矩阵为

$$W_3 = [0.326 \quad 0.283 \quad 0.268 \quad 0.123]$$

制造过程风险的各个二级指标的权重矩阵为

$$W_4 = [0.267 \quad 0.328 \quad 0.285 \quad 0.120]$$

通过计算,可以得到风险维度的模糊综合评价指标值:

(1) $V_1 = W_1 \cdot R_1$

$$= [0.221 \quad 0.354 \quad 0.425] \begin{bmatrix} 0.07 & 0.14 & 0.21 & 0.23 & 0.35 \\ 0.09 & 0.13 & 0.15 & 0.27 & 0.36 \\ 0.05 & 0.11 & 0.23 & 0.28 & 0.33 \end{bmatrix}$$

$$= [0.068\,6 \quad 0.123\,7 \quad 0.197\,3 \quad 0.265\,4 \quad 0.345\,0]$$

(2) $V_2 = W_2 \cdot R_2$

$$= [0.386 \quad 0.412 \quad 0.202] \begin{bmatrix} 0.06 & 0.17 & 0.19 & 0.25 & 0.33 \\ 0.06 & 0.12 & 0.14 & 0.35 & 0.33 \\ 0.01 & 0.02 & 0.15 & 0.36 & 0.46 \end{bmatrix}$$

$$= [0.049\,9 \quad 0.119\,1 \quad 0.161\,3 \quad 0.313\,4 \quad 0.356\,3]$$

(3) $V_3 = W_3 \cdot R_3$

$$= [0.326 \quad 0.283 \quad 0.268 \quad 0.123] \begin{bmatrix} 0.08 & 0.10 & 0.14 & 0.26 & 0.42 \\ 0.09 & 0.15 & 0.16 & 0.21 & 0.39 \\ 0.13 & 0.10 & 0.13 & 0.30 & 0.34 \\ 0.06 & 0.12 & 0.17 & 0.28 & 0.37 \end{bmatrix}$$

$$= [0.093\,8 \quad 0.116\,6 \quad 0.146\,7 \quad 0.259\,0 \quad 0.383\,9]$$

(4) $V_4 = W_4 \cdot R_4$

$$= [0.267 \quad 0.328 \quad 0.285 \quad 0.120] \begin{bmatrix} 0.11 & 0.19 & 0.23 & 0.19 & 0.28 \\ 0.07 & 0.12 & 0.13 & 0.29 & 0.39 \\ 0.06 & 0.10 & 0.18 & 0.31 & 0.35 \\ 0.11 & 0.17 & 0.23 & 0.16 & 0.33 \end{bmatrix}$$

$$= [0.082\,6 \quad 0.139\,0 \quad 0.183\,0 \quad 0.253\,4 \quad 0.342\,0]$$

据此可以计算四个风险维度的得分分别为

$$S_{V_1} = \begin{bmatrix} 0.068\,6 & 0.123\,7 & 0.197\,3 & 0.265\,4 & 0.345\,0 \end{bmatrix} \begin{bmatrix} 20 \\ 40 \\ 60 \\ 80 \\ 100 \end{bmatrix} = 73.89$$

$$S_{V_2} = \begin{bmatrix} 0.049\,9 & 0.119\,1 & 0.161\,3 & 0.313\,4 & 0.356\,3 \end{bmatrix} \begin{bmatrix} 20 \\ 40 \\ 60 \\ 80 \\ 100 \end{bmatrix} = 76.142$$

$$S_{V_3} = \begin{bmatrix} 0.093\,8 & 0.116\,6 & 0.146\,7 & 0.259\,0 & 0.383\,9 \end{bmatrix} \begin{bmatrix} 20 \\ 40 \\ 60 \\ 80 \\ 100 \end{bmatrix} = 74.452$$

$$S_{V_4} = \begin{bmatrix} 0.082\,6 & 0.139\,0 & 0.183\,0 & 0.253\,4 & 0.342\,0 \end{bmatrix} \begin{bmatrix} 20 \\ 40 \\ 60 \\ 80 \\ 100 \end{bmatrix} = 72.664$$

通过上述计算,可以得到如下的模糊综合评价结果,如表 10.5 所示。

10.5　二级模糊综合评价结果

因　　素	评　价　结　果	得　分
与顾客有关的风险 V_1	[0.068 6　0.123 7　0.197 3　0.265 4　0.345 0]	73.89
设计开发风险 V_2	[0.049 9　0.119 1　0.161 3　0.313 4　0.356 3]	76.14
采购过程风险 V_3	[0.093 8　0.116 6　0.146 7　0.259 0　0.383 9]	74.42
制造过程风险 V_4	[0.082 6　0.139 0　0.183 0　0.253 4　0.342 0]	72.66

2. 一级模糊综合评价

根据二级模糊综合评价的结果,可以得到远程宽体客机研制质量风险的总体判断矩阵:

$$R = \begin{bmatrix} V_1 \\ V_2 \\ V_3 \\ V_4 \end{bmatrix} = \begin{bmatrix} 0.068\,6 & 0.123\,7 & 0.197\,3 & 0.265\,4 & 0.345\,0 \\ 0.049\,9 & 0.119\,1 & 0.161\,3 & 0.313\,4 & 0.356\,3 \\ 0.093\,8 & 0.116\,6 & 0.146\,7 & 0.259\,0 & 0.383\,9 \\ 0.082\,6 & 0.139\,0 & 0.183\,0 & 0.253\,4 & 0.342\,0 \end{bmatrix}$$

根据公式:

$$V = W \cdot R$$

$$= \begin{bmatrix} 0.265 & 0.382 & 0.191 & 0.216 \end{bmatrix} \begin{bmatrix} 0.068\,6 & 0.123\,7 & 0.197\,3 & 0.265\,4 & 0.345\,0 \\ 0.049\,9 & 0.119\,1 & 0.161\,3 & 0.313\,4 & 0.356\,3 \\ 0.093\,8 & 0.116\,6 & 0.146\,7 & 0.259\,0 & 0.383\,9 \\ 0.082\,6 & 0.139\,0 & 0.183\,0 & 0.253\,4 & 0.342\,0 \end{bmatrix}$$

计算得到模糊综合评价的结果为$\begin{bmatrix} 0.070\,3 & 0.124\,1 & 0.172\,7 & 0.277\,3 & 0.355\,5 \end{bmatrix}$,据此可以计算得出远程宽体客机研制质量风险的总体得分:

$$S_{总} = \begin{bmatrix} 0.070\,3 & 0.124\,1 & 0.172\,7 & 0.277\,3 & 0.355\,5 \end{bmatrix} \begin{bmatrix} 20 \\ 40 \\ 60 \\ 80 \\ 100 \end{bmatrix} = 78.066$$

3. 评价结果分析

通过对远程宽体客机研制质量风险的模糊综合评价可以看出,得分为 78.07 分,根据评分规则,评分越高意味着相应的风险越大,也就是说,在当前远程宽体客机研制质量管理中,还存在质量风险较高的问题。

综合表 10.5 对远程宽体客机研制质量风险的四个维度评价得分可以看出,在四个风险评价维度中,与顾客有关的风险、设计开发风险、采购过程风险和制造过程风险均超过了 70 分,其中与顾客有关的风险评价得分为 73.89 分,设计开发风险的评价得分为 76.14 分,采购过程风险的评价得分为 74.42 分,生产过程风险的评价得分为 72.66 分,表明在当前远程宽体客机研制质量风险管理中,远程宽体客机的设计开发阶段还存在较大的问题,在远程宽体客机的输入评审、设计输出、设计更改控制、设计验证等方面需要进一步加强管理,同时远程宽体客机研制的采购过程也存在一定的质量风险问题,对于供方评价、采购信息、采购实施、外包过程等都需要给予格外的关注。

总的来说,通过评价可以看出,远程宽体客机研制质量风险管理的各方面表现整体来说仍然不理想,距离低风险的要求还有一定差距。

10.2.2　质量风险管理对策

在进行远程宽体客机的研制过程中,为了保证避免当前质量风险管理的各个环节中存在不同程度的风险,提出"自顶向下提要求,自下而上逐级保证,加强全过程的监督把关"的方针,以"做好设计质量和并行工程质量"为重点,开展管理和技术工作。

提到的"自顶向下提要求"是指在远程宽体客机研制过程中,总体单位作为顶层设计单元,通过制定生产产品的保证大纲和要求来指导和约束分系统进行生产研发,而分系统作为总体单位项目的承制单位,通过结合本单位质量风险管理体系的要求,对于总体单位所提出的产品,要在保证大纲和要求的基础上,再进行分解和落实,形成产品保证实施细则是用于指导本单位的产品生产,从而保证工作。这样远程宽体客机的产品保证要求按照总体、分系统、外协单位的顺序传递下去。

"自下而上逐级保证"是指在远程宽体客机研制过程中,总体单元所制定的产品保证大纲和要求是按照客户所提实际需求给出的保证,同时对于分系统承接单位和外协单位所提出的产品保证实施细则是对本单位的总体单位的保证和承诺。在型号的研制过程中,每一级单位均应当严格地按照大纲、要求和实施细则的规定开展工作,保证每一级产品的质量,以保证远程宽体客机的产品的生产质量。

"加强全过程的监督把关"是指在远程宽体客机研制过程中,远程宽体客机产品保证工作应该改变原来"救火式"的质量管理模式,而控制远程宽体客机从设计到交付售后的整个环节都要监督,以期及时发现问题,通过采取行之有效的方法对问题进行纠正,用来确保远程宽体客机的质量。

"做好设计质量控制"是指在远程宽体客机的研制过程中,既要控制远程宽体客机验证源头出现问题,又要预防在产品设计的各个阶段可能出现的问题,以设计源头为中心开展设计质量的控制工作,具体按照产品保证大纲和要求,以及实施细则来对要求控制要素所确定的过程进行设计,通过监督远程宽体客机的设计输入、输出等过程,来确保解决设计过程中存在的问题;同时重点突出对设计策划、工艺策划的质量控制问题,保证设计在工艺实现中不出现质量风险问题;并且突出对元器件、原材料的控制,保证器件、材料的质量,防止该环节出现问题;最后还要对组织与技术接口的控制进行设计,确保不会出现对内对外的接口交互的问题,使设计满足远程宽体客机的质量要求。

"做好并行工程的质量控制"是指在远程宽体客机的研制过程中,应当遵循并行工程(concurrent engineering, CE)作业的内容可以采用并行方式进行的特征,选定满足设计、质量生产等各个方面的综合作业模式。但是要保证并行模式可以合理有效地进行,在实施质量动态管理时,前提是要保证采用动态管理方的质量责任制,通过有效分配各个方面质量风险管理职能,通过保证形成相互制约、相互促进,最终达到各个方面合理并行作业的质量保证模式。

10.2.3 质量风险管理措施

本节针对远程宽体客机研制质量管理工作的重点,提出采用四方面8项质量风险管理措施,具体来说,通过运用系统工程分析的方法,试图做到零缺陷:营造先进质量文化氛围,建立远程宽体客机一流的品牌文化;分别从技术、诚信和全面质量管理的角度建立全面的管理体系和评价标准;通过推进标准化工程和产品生命周期可靠性保障工程提高远程宽体客机研发质量。

1. 引进零缺陷系统工程管理主线

全面实施零缺陷系统工程管理,统筹做好各项质量工作。运用零缺陷系统工程管理理论和方法,建立以人为本的航空航天先进质量文化,完善追求卓越的质量管理体系,提高适应发展需要的产品保证能力,实施系统优化的产品实现过程控制。坚持开展以系统工程管理为特征、以系统预防为重点、以过程控制为方法、以用户满意为标准的零缺陷系统工程管理。

加强设计质量控制,强化源头质量管理。强化设计源头质量控制,确保设计师对自己的设计真正做到"三个吃透";吃透技术、吃透状态、吃透规律;设计过程中进一步加强技术风险分析,制定风险控制措施;针对设计输入规定的功能性能要求,加强验证工作策划,包括技术指标验证、关键技术验证、各类可靠性试验、须随上一级产品验证的项目等,形成验证项目清单,保证试验验证的充分性和天地一致性。通过运用系统预防、过程控制的质量管理方法,实现从重视事后处理到事前预防的转变。

抓好研制生产与试验全过程质量管控,实施系统策划、系统预防、一次成功。坚持从源头抓、从基础抓、从隐患防范抓,促使产品从设计、研发、制造、试验以及投入生产等各个环节一次成功,保证产品的全过程质量。把"一次成功分析"和"产品质量复查",贯穿于设计开发的全过程,按照产品的生产流程有计划、按时分阶段地进行产品质量检查,将质量风险控制的理念贯穿于产品研制的全过程中,制定合理的检查方案和具体的实施措施,确保型号、重大工程、重大项目按时、保质、保量完成任务。

紧密围绕产品研制生产和管理活动,不断完善并健全质量管理规章。注重对质量可靠性工程技术研究和应用情况的总结,结合工程实践,完善产品技术、管理规范。通过探索和运用先进的质量工具、质量技术和方法,运用信息化、表格化、数字化等方式和方法,促进质量管理精细化,努力实现零缺陷的质量管理目标。

2. 加强质量文化和品牌建设

(1)营造先进的质量文化。发扬优秀的航空航天精神,营造浓厚氛围。弘扬"两弹一星"精神,组织开展好航空航天质量日、全国质量月等活动,采取形式多样的宣传报道、教育警示活动引导员工深刻体会装备质量的重要性,牢固树立严慎细实、"零缺陷"的优良作风。深入开展质量信得过班组、QC 小组等讨论和活动,树立先进个人、先进集体等模范榜样,发挥好榜样身先士卒和敢为人先的模范带头作用,努力提升全体人员的思想觉悟和职业素养水平,营造良好的航空航天质量管理文化氛围。

（2）建立一流的航空航天品牌。提升航空航天品牌认知、产品意识,进一步加强质量管理体系建设,提高质量管理能力和水平,提高营销质量,树立单位和产品的质量形象,提升中国航空航天企业品牌、产业品牌的价值。

深入做好质量创先争优活动,赋予质量文化时代内涵。通过质量创新提升质量价值创造能力,争创全国质量奖、航空航天质量奖以及地方政府和行业质量奖。以高质量创造一流品牌,打造一批航空航天优质产品,树立"航空航天产品必为精品,航空航天品质成就品牌"的品牌形象。

3. 建立健全质量管理、质量诚信和质量技术支撑三大体系

（1）健全质量控制体系。在产品生产制造的全过程中有计划、有目的地设计产品质量控制体系和标准,通过有效的产品策划、定期的检查审核、完善的规制体制等方式,保证产品生产过程满足质量控制的要求和标准。同时,通过绩效考核体系,将产品的质量控制和生产绩效紧密衔接,推动质量管理朝向绩效型的发展方向转变。加强员工的质量管理培训、完善产品质量审核以及质量绩效奖惩机制,从企业内部流程出发推动产品质量迈上一个新台阶。

导入卓越绩效管理理念。不断提高质量管理体系成熟度,提升质量经营绩效。按照 GB/T 19004《质量管理　组织的质量　实现持续成功指南》实施改进,使质量管理从资质型向绩效型转变。按照 GB/T 19580《卓越绩效评价准则》开展评价和改进工作,导入卓越绩效管理理念,关注过程改进和经营结果,促进快速可持续发展,提高产品和服务质量。

建立并完善质量奖惩激励机制。建立型号产品责任表,明确各岗位质量职责,落实好质量主体责任。制定单位质量责任追究办法,实施质量责任终身追究机制,对影响重大的质量问题以及低层次、重复性和人为责任质量事故进行责任事故问题进行追责和惩罚。建立完善的激励体制和方法,运用综合激励的手段,激发广大一线员工的积极性和主动性,鞭策各型号各单位努力提高产品质量。

（2）健全质量诚信体系。质量诚信是企业获得顾客、赢得市场的关键要素。面对航空航天产品竞争日益激烈的严峻形势,必须把质量诚信建设放在突出位置,重信誉、守承诺、创品牌,提高顾客对企业的信心。在与产品实现直接相关的设计、工艺、制造、检验和试验人员队伍中开展个人质量诚信试点,建立单位和人员的信用记录,逐步完善单位、人员的质量诚信档案,引导质量管理由被动的要求和监督变为主动的改进和完善,逐步形成质量工作中的诚信文化、执行文化、尽责文化和

创新文化,努力践行人诚品优。

（3）健全质量支撑体系。以质量职责落地为着眼点,健全完善质量管理机构。承研单位应建立健全质量管理委员会,全面贯彻各级质量战略、目标、法规、标准和要求。应设置独立的质量管理部门、检验部门及相对独立的标准化管理机构、审核机构,明确规定其职责和权限,提供资源保证并确保其独立行使职权,促进质量责任有效落实,充分发挥质量管理策划、监督、检查、考核、评价职能。以提高人员素质为抓手,加强质量管理和产品保证专家队伍建设。以人为本,建设一支高素质的质量与可靠性队伍,持续培养一批具备质量工程师资质的质量工作者,培养一批具有审核、检验及试验专业资质的质量队伍,健全基础和型号质量管理队伍,健全各专业的产品保证专家支持队伍等,应建成满足型号研制生产要求的覆盖质量管理、可靠性设计与试验、产品检验、产品保证专家、技术支撑机构五位一体的质量工作队伍。

4. 推进标准化战略实施工程和远程宽体客机产品全寿命期可靠性保障工程

（1）有效推进标准化战略实施工程。建立健全技术标准体系、推进管理和工作标准体系研究。对现有的技术标准体系定期清理,健全企业技术标准体系,满足研制、生产、交付、综合保障等全寿命周期的需要;立足主导产品和核心技术,充分发挥标准的技术基础支撑作用;建立健全信息化系统的标准规范体系,通过对信息化系统的建设和应用规范化、标准化,提升信息化系统的管理能力;开展管理和服务标准化专项研究,规范管理过程。

强化"三化"基础建设,推进"三化"工作实施。强化"三化"顶层策划,分级推进"三化"基础资源建设;在产品实现策划和方案设计阶段,要按照"谁设计,谁负责"的原则,对"三化"工作提出明确技术要求,在型号中推动标准的有效实施,优先选用成熟度高的产品,提升远程宽体客机配套产品的单机重用度。

推进技术成熟度评估,形成评价规范。面对型号研制技术难度大,周期越来越短的现状,成熟技术使用的不足导致远程宽体客机型号任务难以适应目前研制周期越来越短的要求。在型号立项阶段应积极开展技术成熟度评估工作,充分利用成熟技术,减少重复性劳动,降低研制成本,降低研制风险。

（2）推进全寿命周期可靠性保障工程。瞄准前沿,抓好源头,推进设计深入。从源头抓好系统优化和综合权衡,以最新国际适航标准研制为标准提高研制质量。论证阶段,总体单位要充分考虑复杂飞行环境,提出远程宽体客机通用质量特性定量、定性要求,纳入相关技术指标;产品质量策划要明确全寿命周期中开展通用质量特性设计、分析与验证的方法、控制点及考核要求,建立可靠性与产品设计研制融合工作模式,针对问题多发产品和环节制定故障分析和评价措施,识别故障原因、故障类型并针对性地提出故障排除办法;明确提出产品型号质量成本预算及要求,纳入经济性评审;通用质量特性要与装备功能特性"同论证、同设计、同考核"。

逐层管理,规范过程,强化外协质量管控。制定外协指标评价体系,择优选择配套供方,对配套单位的质量保证能力、研制和生产能力、经济状况和信誉等方面进行考察评估,每年度对合格供方进行一次动态评价,根据供货质量情况有针对性地进行二方审核,确保供方研制过程受控。

加强供方管理,对质量问题多、合同金额大、技术含量高的重要外协外购供方,定期开展专项审核;对于关键、核心不在手的产品开展跟产监督;实施供方质量保证金或风险抵押金制度,加强对外协外购产品的质量风险管理。

全面策划,有效识别,加强质量风险管理。在研制初期要开展风险分析,识别影响任务进程、质量成本的风险项目,采取有效措施,并进行动态管理。针对研制生产各阶段、各批次的飞行试验,要开展专题风险分析,识别风险因素的项目,形成风险列表。对"质量有前科、状态有变化、单点有失效、测试不覆盖"等要进行质量交集分析。通过分析,制定措施,形成预案,有效抑制影响研制生产正常进行和飞行试验成功的风险。

10.3 远程宽体客机供应商风险管理实践案例

10.3.1 管理程序

远程宽体客机的供应商风险管理主要是把供应商纳入供应链风险管理体系,通过对供应链的风险管理来对供应商的风险进行管理,具体程序如图 10.2 所示。

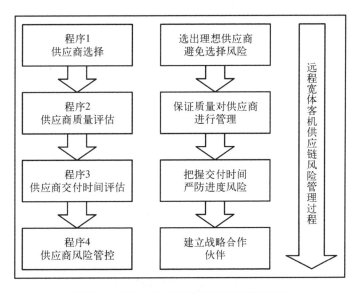

图 10.2 远程宽体客机供应链风险管理过程

10.3.2 供应商选择方法

远程宽体客机从以下三个方面对供应商绩效进行综合评估：质量、交付时间和总体绩效。

综合等级依据绩效分类的最低等级制定具体如下：其中，金色=5；银色=4；棕色=3；黄色=2；红色=0。

评级取值标准采取五色码标准，如表10.6所示。

表10.6 综合等级五色码

综合等级五色码	标　　准	评　　价
金色	平均值大于或等于4.8，并且各绩效分支没有黄色或红色分值	优秀，供应商绩效远远超出期望水平，供应商完成评估要素很少存在问题，其改进措施非常有效
银色	平均值小于4.8、大于或等于3.8，并且各绩效分支没有黄色或红色分值	很好，供应商绩效满足或超出期望水平，供应商完成的评估要素存在少量问题，其改进措施是有效的
棕色	平均值小于3.8、大于或等于2.8，并且各绩效分值没有红色分值	合格，供应商绩效满足期望水平，供应商完成的评估要素存在一定问题，其改进措施是有效的
黄色	平均值小于2.8、大于或等于1	供应商绩效需要改进才能满足期望水平，通过评估存在严重问题，供应商还没有确认纠正措施或者还没有保障措施，即使实施了，其改进措施也不够有效
红色	平均值小于1	不合格，供应商绩效不能满足期望水平，改进也不及时。通过评估，供应商绩效存在严重问题，其纠正措施没有效果

10.3.3 供应商质量评估方法

质量评估的传统方法需要计算12个月内供应商被接收的产品百分比，不同被接收百分比对应的质量五色码及得分见表10.7。

表 10.7　质量五色码

质量五色码	标　　　准
金色(5)	12 个月内 100%接受其产品
银色(4)	12 个月内接受其产品达到 99.8%以上
棕色(3)	12 个月内接受其产品达到 99.5%以上
黄色(2)	12 个月内接受其产品达到 98%以上
红色(1)	12 个月内接受其产品少于 98%

10.3.4　供应商交付时间评估方法

供应商交付时间评分方法为准时交付比例法见表 10.8,具体做法如下。

计算供应商在 12 个月内准时交付的产品百分比:包括根据消耗制定的订购单,通过对在规定期间之外接收的全部零件的统计,每天进行绩效评估,因为这与零件数量的交付时间有关。

表 10.8　交付时间五色码

质量五色码	标　　　准
金色(5)	12 个月内 100%准时交付
银色(4)	12 个月内 98%准时交付
棕色(3)	12 个月内 95%准时交付
黄色(2)	12 个月内 90%准时交付
红色(1)	12 个月内准时交付低于 90%

10.3.5　供应商总体绩效评估方法

波音公司的供应商总体绩效评估方法为综合打分法,供应商绩效评估从研发、生产、支持服务、共享服务四种业务模式展开(满分 5 分),包括以下五方面内容:

管理——供应商策划、执行和与波音沟通的及时性;

进度——供应商满足进度要求的情况;

技术——工程技术支持,包括产品研发、性能和保障;

成本——成本控制、供应策划和体系支持的有效性；

质量——质量大纲的有效性，包括供应商体系和质量保证。

远程宽体客机的专家通过切身感受对供应商业务实践进行详细的评估，评级分数是由至少6个月远程宽体客机项目或场所的评级情况的平均值来决定，见表10.9。供应商的总体绩效评估仍然采用低绩效值准则。

表10.9　综合评估等级取值表

综合等级五色码	标　　　准
金色	平均值大于或等于4.8，并且各绩效分值没有黄色或红色分值
银色	平均值小于4.8、大于或等于3.8，并且各绩效分值没有黄色或红色分值
棕色	平均值小于3.8、大于或等于2.8，并且各绩效分值没有红色分值
黄色	平均值小于2.8、大于或等于1
红色	平均值小于1

波音公司已经有多年的飞机生产经验，与众多供应商有着密切的合作。因此其供应商选择标准侧重于供应商的排序，侧重于标准的实际操作性，远程宽体客机项目也应该借鉴波音的供应商选择的经验，合理地选择供应商完成远程宽体客机的设计制造。

10.3.6　供应链风险监控

波音公司对供应链风险的监控主要采取的是与供应商建立长期合作伙伴关系，这种关系的维持需要采取适当的措施，来确保供应链价值最大化。在协调的"硬"机制方面，特别是契约与激励机制的运用方面，波音也是采取了很多方法。例如相互抵押，这是一种合伙人担保信守合约的手段。波音公司和诺思罗普公司之间的合作关系就是靠相互抵押来维持。诺思罗普为波音747和波音767飞机提供了许多零部件，因波音的特殊需要，诺思罗普不得不对专用资产进行重大投资，产生了与这种投资相联系的巨大成本，诺思罗普依赖于波音，而波音处于可能违背原先协议的有利地位，它可以运用权力（power）把订单转给其他供应商作为压低价格的手段。但实际上，波音没有这样做，因为波音同时也是诺思罗普军需部门的主要供应商，波音也不得不进行专用资产投资为诺思罗普的需要服务。因此，双方是互相依赖、互相制约的，每家公司都握有抵押品，可用来作为制约另一家公司违背原先定价协议的保险。

波音公司以订单为"商业号令",从销售到交付,波音以客户承诺为出发点,决策过程较为严密。总结波音的成功经验,他们在供应链协调的实施方面采取了以下策略。

（1）优势互补,强强联合,构建高效供应链。

为实现供应链的系统目标,波音在构建各产品供应链前就做好了系统的发展定位,明确核心竞争力,根据事实需要选择不同领域和不同环节具有竞争优势的成员企业组成供应链。例如,波音公司在组建波音 787 开发制造项目的时候,就合理地精简供应商,只与绩效最好的供应商继续合作,以提升整个价值链的稳定性。其选择的飞机结构供应商主要是 4 家,包括日本富士重工、川崎重工、三菱重工和意大利阿莱尼亚航宇公司。2005 年,波音供应商的数量已经不到 1998 年的一半,这样才能更多地建立一对一的关系,更深入地了解各方的合作执行情况。一方面是供应商少了,另一方面技术含量却增加了,供应商的能力更强、效率更高,供应商关系更加稳固和简化,从而提高制造效率。

为及时应对市场环境和市场需求的变化,波音根据具体项目和个性化客户需求,在供应链内组建多功能、跨职能部门的项目小组。项目小组的引进极大地增强了供应链系统的灵活性,加强了上下游企业间的协调,提高了运作效率。供应链中的项目小组使得来自不同领域的成员企业更好地交换信息,集中优势力量解决较为复杂的问题,使供应链系统在不增加投入的情况下提高产出水平,同时也使系统内部的合作和信任机制得到进一步增强。

（2）构建学习型供应链,促进知识交流与共享。

学习实际上是对供应链成员企业的一种非常重要和有效的激励手段,可快速提高供应链成员企业自身经营管理水平,增强市场竞争力,为将来的发展提供有力保障。波音为这种集体学习提供了良好的机制。波音与供应商之间不仅频繁地分享信息,而且在供应链的更深层次上分享知识,使波音能在必要时修复供应商基地中的早期预警部分,并让波音具有灵活性。

为了充分利用供应链系统内外部的大量相关知识,提供简单高效的成员企业学习和交流平台,由波音（核心企业）主持建立了五年期的网络基础设施。此外,还制定了供应链企业间共同的规范和标准体系,形成有利于成员企业间相互交流的学习氛围,鼓励成员企业间、企业相关部门间建立广泛、及时、不间断的知识交流与共享。

波音通过与供应商的精益合作和数字化协同设计/制造等推进供应链中集体学习和知识共享。早在 20 世纪 90 年代,波音公司就提出耗资 10 亿美元用于宏大的飞机构型定义与控制/制造资源管理系统计划,支持公司分布在 72 个分部的45 000 名雇员在 40 000 台各种计算机上进行协同工作。

波音通过 Boeing.com、MyBoeingFleet.com 等门户网站与供应链中企业和客户分享设计、制造、市场、库存、使用和维护等一切信息,这些门户网站目前还提供自动学习和知识搜集功能,将隐藏在波音内部的大量隐性知识发掘出来,通过门户网站来展现,使波音和客户、合作伙伴都能够共享这些搜集到的知识、重要项目、过程甚至事件信息。

波音长期提供培训服务。例如波音的全资子公司的翱腾(Alteon),拥有业内最现代化的培训设施之一,也是世界最大的航空培训网络,它将波音培训中心与全球范围内的 20 个其他设施结合在一起,其资产包括以计算机为基础的先进培训系统和 70 多台全自动飞行模拟器,针对 100 座及以上商用飞机市场上的波音飞机和非波音飞机提供初始培训和复训,提供的课程涵盖范围广泛的飞行维护培训,以及乘务人员安全培训等。

(3)实行成员企业一定范围内的自主管理。

现代企业普遍具有很强的学习能力和创新能力,通过合理授权实现成员企业的自主管理已经成为供应链系统改善管理、增强活力和应变能力的必然选择。合理分配供应链决策权可以充分调动成员企业的热情、潜力和创造力,还能使供应链获得敏捷的市场应变力。在协调机制作用下,当成员企业的个体目标和系统目标相一致时,每个成员企业都会自发地成为推动供应链发展的无私奉献者。

GKN 航空航天北美公司是一家飞机引擎生产商,他们是波音公司的全球供应商之一。该公司成立于 2001 年,当时波音公司将原有的飞机零部件生产外包给现在的 GKN 公司,而自身专注于整机装配。由于波音当时采取了新的采购政策,例如最低和最高库存量的柔性采购计划等,因此 GKN 始终不能很好地与波音的供应链整合。面对挑战,GKN 开发了一套能够保证 GKN 生产与波音需求相匹配的系统 Sentinel,它是一套事件驱动型制造系统,即通过收集波音公司基于 WEB 的门户系统中的一些关键指标,反馈给 GKN 的企业资源计划(enterprise resource planning, ERP)系统。例如,Sentinel 可以分析波音公司零部件使用情况,及时调整 GKN 的零部件生产计划。该系统使用后,GKN 提高了 38% 的库存周转率,减少了 35% 的库存量,并节约了大约 2 500 万美元的资金。此外,由于 Sentinel 能自动处理数据收集、分析等工作,GKN 还缩减了 20% 的人员。在 Sentinel 的开发过程中,GKN 还积极听取了波音公司的意见,他们召集波音公司销售订单分析、合同及定价、生产控制和 ERP 分析等方面的资深员工,从他们的意见中整理出系统需求,使开发出的系统能更好地满足波音公司。GKN 的成功告诉我们,供应链中成员企业在与供应链总体目标保持一致的前提下,发挥自主管理和创新的能力,同样可以起到对供应链协调的作用。

(4)加强供应链企业信息沟通和信息共享。

从历史上来看,波音的生产率波动很大,特别是 1997 年,波音面临了一次骤然而至的市场低迷期。这使其意识到加强沟通进行需求预测并做出响应的重要性。

由于同在一条供应链上,注定了波音与供应商之间是相互连接的,给供应商尽可能多的可见性信息是成功操控资源的一件大事。鉴于波音的流程集成方式,其供应商基地正在成为波音工厂的延伸部分。所以,波音非常注重供应商基地的及时沟通,进行通信网络的建设特别是供应链系统内部信息网络的建设。通过建立成员企业之间开放式的网络信息交流平台,积极推进电子交流模式在供应链系统内的普及。

早在 1995 年,波音公司就推出了基于客户机/服务器的在线配送系统(Boeing On-line Delivery),使航空公司、飞机维护商能够直接在网上看到技术图、服务公告以及维修手册等。随后,波音又相继开通了全球航空工业第一个订购和跟踪部件贸易的站点 PART Page 和飞行技术在线服务网站 BOLD。不过,真正使得波音公司具备强大的信息共享功能,实现与客户、供应商和合作伙伴的网上实时交易和服务的战略目标的,是 2005 年 5 月 MyBoeingFleet.com 开通以后的事情,PART Page 和 BOLD 均可链接到 MyBoeingFleet.com 网站。

在构建 MyBoeingFleet.com 网站之初,波音公司就设想到了各个不同的服务层面:购买波音飞机的客户;已拥有波音飞机但需要技术支持和售后服务的航空公司以及飞行员、机械师和维护工程师;波音公司的合作伙伴方的设计工程师等。所有这些企业与人员的信息需求是各不相同的。既要突出波音公司的特点,又要兼顾到各方面的信息共享的需求,这就需要针对不同的需求,提供不同的内容和服务。MyBoeingFleet.com 是目前全球唯一的在线维护、工程和航空运营数据资料的电子商务门户网站。它以开放型架构,实现与甲骨文(Oracle)数据库、太阳微系统(Sun Microsystems)服务器以及波音公司原有的一些后台系统(如 SAP)的无缝集成,为在线用户提供个性化、量身定制的内容。

(5) 建立供应链企业间密切合作、互荣共存的关系。

信任是供应链中各成员企业进行有效合作的纽带与保证。波音公司通过其企业经营使命、目标及实现条件的规划,对供应链中的企业做出了普遍的诚信承诺,即"从广义而言,诚信必须展现在我们与顾客、供应商及彼此之间的关系上,这表示我们必须遵守各项法规"。为了贯彻诚信承诺,波音公司推行以下的诚信原则:互相尊重;公平处理所有关系;遵守承诺,善尽职责;诚实沟通;为我们的行为负责;生产安全可靠的高品质产品;所有员工均享有平等的机会;遵守各项法规。

长期以来,波音公司与日本的 4 家飞机制造公司:三菱重工业公司、川崎重工业公司、石川岛播磨重工业公司和富士重工业公司建立良好的供应商关系,其基础就是互荣共存关系的建立。一方面是波音借助供应商来帮助降低进入日本市场的门槛,另一方面就是日本通过向波音供应飞机结构部件带动了日本飞机产业的发展,这使双方开始了一个动态的策略变化过程,最终成就了两者目前重大的相互依赖关系。到 20 世纪 90 年代末,波音部件外购的成分占一架飞机总价值的 50%,而日本这 4 家公司在宽体喷气式飞机的机体中已贡献了近 40% 的价值,使用的专业技术和工具在许多方面都是全球最领先的。这些企业间的业务关联紧密,通过实施和运用供应商关系管理(supplier relationship management, SRM)和客户关系管理(customer relationship management, CRM)来实现与其上下游企业的紧密连接和协同运作,其整个业务运作基于快速的信息传递和合理的业务流程,采用完全透明和通用的衡量标准,这些都是建立在信任机制之上的。

(6)用信息化平台整合全球业务。

飞机的研制生产是一个复杂的系统工程,是多个专业子系统综合协调的结果。各子系统间存在着复杂的信息传递和依赖关系。一个恰当的信息化平台有利于支持这些子系统之间信息的交互和连接,使它们可以集成和协调起来共同完成整个飞机的研制、生产、销售和客户支持等工作。为了提升业务和市场的运作效率并降低成本,民用航空制造业不断探索应用信息技术提升竞争力的途径,由于数字化和网络技术的迅猛发展,民用航空制造业的研发、制造和服务过程已经数字化和网络化:从三维数字定义、异地无图纸设计、数字化装配、各种设计、制造、试验的数字化方针,到采购管理、供应商选择、售后服务的网上作业等,信息化对该产业的整体协调和整合起到决定性作用。

波音公司以波音 777 为标志,于 1999 年率先开展了全数字化设计制造技术的研究,建立了世界第一个全数字化样机,开辟了制造业信息化的里程碑。波音公司在设计波音 777 时,对十多万个零件全部实行了数字化设计,并在计算机上进行数字化预装配、设计更改。波音根据飞机部件功能划分了 238 个 DBT 综合设计制造小组并行工作,总成员 8 000 余人,配置了 2 200 台运行 CATIA 软件的 IBM RISC6000 工作站和 9 000 余台个人计算机,与 8 台服务器联网,分别进行设计和信息交换工作,使 238 个 DBT 小组在并行工程环境中安全地协同工作;在协同工作的环境与系统中消除了 12 000 处干涉问题,比过去的项目装配出现的问题减少了 50%~80%,设计更改和返工率减少了 50% 以上,费用下降了 30%~60%,让分布在 60 多个国家的飞机零件供应商通过网络数据库实时存取零件信息。采用数字化产品定义(digital product definition, DPD)、数字化预装配(digital preassembly, DPA)和并行工程,使波音 777 研制周期缩短了 50%,保证了飞机设计、制造、试飞一次成功。波音 777 飞机成功的根本途径就是采用数字化产品定义、异地无纸化设计、数字化制造、数字化预装配技术、数字化虚拟样机技术、网络技术和并行工程等技术,即实现了航空制造业信息化,所以使设计更改减少了 93%,设计费用减少 94%,并使研制周期从 8~9 年缩短为 4.5 年。

目前的波音公司完全可以说是一个数字化的企业。它包括 4 个方面,即企业资源计划、产品全寿命管理(product lifecycle management, PLM)、供应链管理(SCM)和客户关系管理(CRM)。数字化制造业是通过对内部资源的合理配置和管理(ERP)及对外部资源的整合(SCM),有效地支持产品的研发(PLM),适时地将产品推向市场并提供优质的服务(CRM)。在越来越紧密的经济基础和网络技术平台上,国际化航空装备的研发、生产、销售变成可能。MyBoeingFleet.com 是波音飞机相关工业企业的信息集成系统与订购方的信息集成系统的桥梁和接口,把全球与波音飞机相关的企业连接在一起。工业企业的信息集成系统提供数字化产品信息、数字化保障资料、数字化保障设备、数字化零配件等信息支持;订购方的信息集成系统则提供在产品全寿命过程或工程中采办-研制-设计-生产-培训-维护等系列服务,各有关单位和环节综合利用网络、数据库、多媒体等先进信息技术,将工作和产品信息数据数字化、标准化,努力发展网络集成化,实现数据一次生成,多次传递使用,提高数据共享和再利用性。从波音信息化的实施情况来看,部门功能结构从扁平化到网络化;制造资源管理从优化配置发展为可重构资源管理;企业从多企业合作发展为虚拟企业联盟;数据集成技术从信息集成到知识集成;业务过程管理从单企业的过程集成过渡到多企业的过程集成。

参 考 文 献

包丽,2015.大型民用飞机制造业供应链发展研究[D].北京：对外经济贸易大学.

曹友明,2019.适航条款解读方法研究[J].科技创新导报,16(19)：13-14,16.

陈桥,2016.基于大型民用客机选型的供应商选择方法及模型研究[D].南京：南京航空航天大学.

程大林,田玉蓉,司群英,等,2019.航天项目研制风险识别与分析探索[J].中国电子科学研究院学报,14(2)：146-150.

程启月,邱菀华,2009.基于复熵理论的群组决策风险控制方法研究[J].苏州市职业大学学报,20(2)：64-66.

邓杰,颜峰,黄育秋,等,2017.复杂产品系统研发过程技术风险评估研究[J].科技创新与应用,219(35)：21-22.

邓望松,2019.G 公司××军工研制项目风险管理研究[D].武汉：中南财经政法大学.

丁迎周,宋春雨,2008.风险管理及其在航天项目中的应用[J].装备制造技术,165(9)：32-34.

顾昌耀,邱菀华,1991.复熵及其在 Bayes 决策中的应用[J].控制与决策(4)：253-259.

何文炯,1999.风险管理[M].大连：东北财经大学出版社.

黄斌,2009.ARJ21 民机项目风险管理研究[D].成都：西南交通大学.

黄芬,孟晓雄,1998.国外大型航天项目的风险管理(上)[J].航天工业管理(9)：39-43.

李琳,陈云翔,刘源,2011.一种基于事故树的安全风险定量评估方法[J].航空制造技术,379(7)：84-86.

刘飞,2016.TMA 型公务机项目风险管理研究[D].成都：电子科技大学.

柳青,2009.导弹装备开发中技术风险综合评价方法研究[D].武汉：华中科技大学.

卢新来,丁常宏,任长伟,等,2015.民用飞机研制项目风险管理研究与应用[J].航空科学技术,26(1):55-60.

马珍珍,2014.大型客机供应商质量管理流程优化及绩效评价研究[D].南京:南京航空航天大学.

美国项目管理协会,2013.项目管理知识体系指南[M].第5版.许江林,译.北京:电子工业出版社.

戚裔赟,2015.C919大型客机航空管路制造项目风险管理研究[D].上海:华东理工大学.

田彦章,2022.运用基于AHP的YAAHP软件实现民用飞机型号研制阶段项目管理风险评估[J].中国新技术新产品(16):140-142.

王嚣华,朱建军,姚雨辰,2018.大型客机零部件适航风险的贝叶斯网络推理研究[J].数学的实践与认识,48(17):169-177.

夏昭天,2014.主制造商-供应商模式下复杂产品研发风险传递研究[D].南京:南京航空航天大学.

邢宏涛,2020.飞机配套产品研制项目风险识别及评估研究[J].科技资讯,18(7):61-63.

熊杰,张善从,2010.基于AHP和风险矩阵的航天研制项目风险评估[J].科技进步与对策,27(11):124-126.

许谨良,2003.风险管理[M].第二版.北京:中国金融出版社.

徐巍玮,2015.C919驾驶舱控制显示模块开发项目供应链管理研究[D].上海:上海交通大学.

颜兆林,周经纶,龚时雨,等,2000.概率风险评价及其应用[J].劳动保护科学技术,20(6):26-29.

袁文峰,石兆文,刘思峰,等,2011.大型客机研制项目风险分布的极大熵模型研究[J].科学技术与工程,11(34):8546-8551.

袁文峰,2013.大型客机项目供应商管理若干关键问题研究[D].南京:南京航空航天大学.

赵萌,邱菀华,2011.基于混合信息的供应商选择熵决策模型[C].杭州:第十三届中国管理科学学术年会.

张骏,姜江,葛冰峰,等,2015.北斗卫星导航系统组网发射方案风险分析[J].系统工程理论与实践,35(7):1878-1886.

张文,周恩民,洪兴福,等,2022.复杂大型装备研发风险识别与管控[J].项目管理技术,20(9):87-91.

张志国,2016.某型设备研制过程风险管控研究[D].青岛:青岛大学.

周平,朱松岭,姜寿山,2003.基于模糊层次分析法的航空项目风险管理研究[J].计算机集成制造系统,9(12):1062-1066.

朱启超,匡兴华,2004.NASA 高技术项目风险管理技术与方法[J].世界科技研究与发展,26(3):95-102.

Ale B,Smith E,Pitblado R,2000. Safety around airport — Developments in 1990s and future directions[C]. London:International Business Conferences.

Aust J,Pons D,2021. Methodology for evaluating risk of visual inspection tasks of aircraft engine blades[J]. Aerospace,8(4):117.

Bai J,Liu S,Wang W,2020. Progress in the airworthiness technology of civil aero-engine:A study on FAR 33 (Airworthiness standards:Aircraft engine)[J]. CEAS Aeronautical Journal,11:1-12.

Boardman C,Ponomariov B,Shen H L,2020. Science policy implementation:Strategic versus technical human resource management [J]. Science and Public Policy,47(6):844-854.

Bondarouk T,Brewster C,2016. Conceptualising the future of HRM and technology research[J]. The International Journal of Human Resource Management,27(21):2652-2671.

Browning T R,1998. Modeling and analyzing cost,schedule,and performance in complex system product development [D]. Cambridge:Massachusetts Institute of Technology.

Chang Y H,Wang Y C,2010. Significant human risk factors in aircraft maintenance technicians[J]. Safety Science,48(1):54-62.

Cokorilo O,de Luca M,Dell'Acqua G,2014. Aircraft safety analysis using clustering algorithms[J]. Journal of Risk Research,17(10):1325-1340.

Denning S,2013. What went wrong at Boeing[J]. Strategy and Leadership,41(3):36-41.

Djapan M,Macuzic I,Tadic D,et al.,2019. An innovative prognostic risk assessment tool for manufacturing sector based on the management of the human,organizational and technical/technological factors[J]. Safety Science,119:280-291.

Elmarady A A,Rahouma K,2021. Studying cybersecurity in civil aviation,including developing and applying aviation cybersecurity risk assessment[J]. IEEE Access,9:143997-144016.

Esposito E,Passaro R,2009. The evolution of supply chain relationships:An interpretative framework based on the Italian inter-industry experience[J]. Journal of Purchasing and Supply Management,15(2):114-126.

Fried V H,Hisrich R D,1994. Toward a model of venture capital investment decision making[J]. Financial Management:28-37.

Gulati R, Sytch M, 2007. Dependence asymmetry and joint dependence in interorganizational relationships: Effects of embeddedness on a manufacturer's performance in procurement relationships [J]. Administrative Science Quarterly, 52(1): 32 − 69.

International Civil Aviation Organization, 2008. Safety management manual (SMM): Doc 9859AN/474[S]. Montréal: International Civil Aviation Organization.

Janic M, 2003. An assessment of risk and safety in civil aviation[J]. Journal of Air Transport Management, 6(1): 43 − 50.

Kozień E, 2020. Assessment of technical risk in maintenance and improvement of a manufacturing process[J]. Open Engineering, 10(1): 658 − 664.

Labeau P E, 2000. Dynamic reliability: Towards an integrated platform for probabilistic risk assessment[J]. Reliability Engineering and System Safety, 68(3): 219 − 254.

Lee W K, 2006. Risk assessment modeling in aviation safety management[J]. Journal of Air Transport Management, 12(5): 267 − 273.

Li Y, Taeihagh A, de Jong M, et al., 2021. Toward a commonly shared public policy perspective for analyzing risk coping strategies [J]. Risk Analysis, 41 (3): 519 − 532.

Ma H, 2021. Enterprise human resource management based on big data mining technology of internet of things [J]. Journal of Intelligent and Fuzzy Systems (1): 1 − 7.

MacMillan I C, Siegel R, Narasimha P N S, 1985. Criteria used by venture capitalists to evaluate new venture proposals[J]. Journal of Business Venturing, 1(1): 119 − 128.

Manigart S, de Waele K, Wright M, et al., 2000. Venture capitalists, investment appraisal and accounting information: A comparative study of the USA, UK, France, Belgium and Holland[J]. European Financial Management, 6(3): 389 − 403.

Menchinelli A, Ingiosi F, Pamphili L et al., 2018. A reliability engineering approach for managing risks in CubeSats[J]. Aerospace, 5(4): 121.

Mourtzis D, 2020. Simulation in the design and operation of manufacturing systems: State of the art and new trends [J]. International Journal of Production Research, 58(7): 1927 − 1949.

Netjasov F, Janic M, 2008. A review of research on risk and safety modelling in civil aviation[J]. Journal of Air Transport Management, 14(4): 213 − 220.

Rezaee M J, Yousefi S, 2018. An intelligent decision making approach for identifying and analyzing airport risks[J]. Journal of Air Transport Management, 68: 14 − 27.

Rodríguez - Espíndola O, Chowdhury S, Dey P K, et al., 2022. Analysis of the adoption of emergent technologies for risk management in the era of digital manufacturing[J]. Technological Forecasting and Social Change, 178: 121562.

Santillán - Saldivar J, Cimprich A, Shaikh N, et al., 2021. How recycling mitigates supply risks of critical raw materials: Extension of the geopolitical supply risk methodology applied to information and communication technologies in the European Union[J]. Resources, Conservation and Recycling, 164: 105 - 108.

Senol M B, 2020. Evaluation and prioritization of technical and operational airworthiness factors for flight safety[J]. Aircraft Engineering and Aerospace Technology, 92(7): 1049 - 1061.

Song S J, 2020. Risk management and countering measurements by computer modeling and simulation technology in the approval and early preparation stages of a large international project[J]. The Journal of Supercomputing, 76: 3689 - 3701.

Stolzer A J, Goglia J J, 2016. Safety management systems in aviation[M]. 2nd ed. London: Routledge.

Skorupski J, 2016. The simulation-fuzzy method of assessing the risk of air traffic accidents using the fuzzy risk matrix[J]. Safety Science, 88: 76 - 87.

Tang C S, Zimmerman J D, Nelson J I, 2009. Managing new product development and supply chain risks: The Boeing 787 case[J]. Supply Chain Forum, 10(2): 74 - 86.

Tyebjee T T, Bruno A V, 1984. A model of venture capitalist investment activity[J]. Management Science, 30(9): 1051 - 1066.

U.S. Department of Transportation, Faderal Aviation Adminisrtation, 2009. Guidance material for aircraft engine life limited parts requirements: AC 33.70 - 1[S]. Washington, D.C.: Faderal Aviation Adminisrtation.

Wasti S N, Liker J K, 1997. Risky business or competitive power? Supplier involvement in Japanese product design[J]. Journal of Product Innovation Management, 14 (5): 337 - 355.

Zuo F, Zhang K L, 2018. Selection of risk response actions with consideration of secondary risks[J]. International Journal of Project Management, 36(2): 241 - 254.